平贝母收获机滚筒筛低损筛分机理与参数优化试验研究

宋江　著

黑龙江大学出版社
HEILONGJIANG UNIVERSITY PRESS

哈尔滨

图书在版编目（CIP）数据

平贝母收获机滚筒筛低损筛分机理与参数优化试验研究 / 宋江著．-- 哈尔滨 ：黑龙江大学出版社，2024.6（2025.3 重印）．-- ISBN 978-7-5686-1188-6

Ⅰ．S225

中国国家版本馆 CIP 数据核字第 2024YC3692 号

平贝母收获机滚筒筛低损筛分机理与参数优化试验研究
PINGBEIMU SHOUHUOJI GUNTONGSHAI DISUN SHAIFEN JILI YU CANSHU YOUHUA SHIYAN YANJIU
宋江　著

责任编辑　于晓菁
出版发行　黑龙江大学出版社
地　　址　哈尔滨市南岗区学府三道街 36 号
印　　刷　三河市金兆印刷装订有限公司
开　　本　720 毫米 ×1000 毫米　1/16
印　　张　12.75
字　　数　217 千
版　　次　2024 年 6 月第 1 版
印　　次　2025 年 3 月第 2 次印刷
书　　号　ISBN 978-7-5686-1188-6
定　　价　68.00 元

本书如有印装错误请与本社联系更换，联系电话：0451-86608666。

前　言

　　机械化收获过程中平贝母鳞茎损伤严重,其中机械核心部件——滚筒筛造成的平贝母损伤尤为严重。损伤的平贝母作为种子,再生能力下降,影响幼苗的发育、生长,使产量下降;作为药用商品,外观和质量不佳,导致价格下降,造成经济损失。因此,研究平贝母损伤问题,改进平贝母收获机,对平贝母产业绿色、优质、高效、健康发展有十分重要的意义。本书以平贝母低损为目标,以"运动产生碰撞、碰撞造成损伤"为主线,采用理论分析、离散元仿真、碰撞试验等多种方法,开展平贝母收获机滚筒筛低损筛分机理与参数优化试验研究,力求为平贝母低损收获机的研制提供理论支撑和技术参考。

　　本书共分6章:第1章主要介绍本书的研究背景和相关内容的国内外研究进展,以及本书的概况;第2章对平贝母筛分物物理特性参数进行测定;第3章研究滚筒筛内平贝母筛分物的运动规律;第4章对滚筒筛内平贝母筛分物碰撞能量损失进行数值模拟;第5章开展平贝母鳞茎碰撞损伤试验研究;第6章进行台架与田间试验研究。

　　本书有以下创新点:①构建了内嵌扬料板的滚筒筛内平贝母筛分物速度模型,解析了滚筒筛结构、运动参数对平贝母筛分物回落点速度的影响;②探究了滚筒筛内平贝母筛分物的运动碰撞规律,揭示了滚筒筛结构、运动参数对平贝母碰撞损失能的影响,获得了使碰撞损失能最小的滚筒筛结构参数组合;③提出了一种通过碰撞试验模拟滚筒筛分过程中平贝母损伤的测定方法,建立了碰撞损失能与相关参数的回归模型,阐明了其变化规律。

　　本书取得了一定的成果,但由于笔者在经验、认知等方面存在不足,因此研究结论与预期目标还存在一定的差距：①平贝母筛分不仅涉及平贝母鳞茎力学特性，还与复杂土壤、沙石、根须等物料密切相关，仍需进一步探究复杂环境下平贝母低损筛分的未知影响因素；②滚筒筛内平贝母筛分物的运动规律十分复杂，为全面探究其运动规律，今后需深入研究滚筒筛内平贝母筛分物的三维空间运动规律；③平贝母鳞茎形状不规则，与其他材料碰撞时，平贝母凸起或凹陷处的碰撞损伤规律可能与已知的规律不一致，对此方面的研究尚待进一步加强。

本书的出版得到了黑龙江省"双一流"新一轮建设学科协同创新成果建设项目（项目编号：LJGXCG2022 - 122）"平贝母药材收播一体机械化装备的推广应用"、新一轮黑龙江省"双一流"学科协同创新成果项目（项目编号：LJGXCG2023 - 050）"平贝母机械化采收生产装备的推广应用"的资助，在此对研究过程中提供帮助的同志们表示由衷的感谢。

本书以理论应用研究为中心，针对性强，研究成果具有一定的实用性和理论参考价值，可供有关生产单位、科研单位、教学单位参考。由于笔者水平有限，研究还不够深入，因此难免存在错误和不妥之处，敬请各位读者批评指正。

宋 江

于黑龙江八一农垦大学

2024 年 4 月 5 日

目　　录

1 绪　论

1.1　研究背景

平贝母为百合科贝母属多年生草本植物,是我国较为名贵的传统药材,更是出口创汇的重要商品,在国内外中药材市场上颇受青睐。平贝母分为地下鳞茎(即入药部位)和地上茎两部分,一般采收地下鳞茎部分。平贝母从播种到开花、结果,需经过 4 个生长发育阶段,茎叶与地下鳞茎形状也发生变化,其中一年生的地下鳞茎俗称"米贝",二、三年生的地下鳞茎俗称"桃贝",四年生的地下鳞茎俗称"大豆子",五、六年生的地下鳞茎分别俗称"小平头"和"大平头",如图 1-1 所示。一般情况下,平贝母粒径为 3~30 mm。

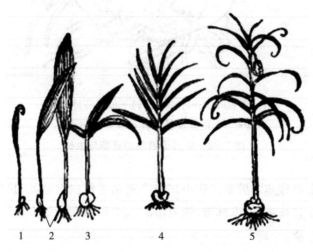

1—米贝;2—桃贝;3—大豆子;4—小平头;5—大平头

图 1-1　采收期各种形状的平贝母茎叶与地下鳞茎

平贝母常采用鳞茎繁殖,其再生方式是在鳞茎上以不定芽形式形成小鳞芽,继而生长为小鳞茎(子贝),成为新的植株。子贝一般形成于平贝母鳞茎上,也形成于鳞茎基盘上、下方。就单株鳞茎观察,其子贝形成的时间、部位、数量均不相同。如图 1-2 所示,一般母鳞茎上子贝形成的时间早,数量不多,10~20个不等,体积较大;芽苞叶上和叶顶端子贝形成的时间较晚,体积最小,数量也少;鳞茎基盘上子贝形成的时间最晚,数量一般为 7~8 个,体积略小。平贝母鳞茎表皮薄而软,脆而易碎,一旦出现损伤,子贝的形成数量就会受到严重的限制,造成平贝母产量降低。

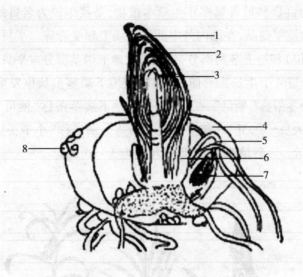

1—芽苞叶;2—叶;3—花;4—母鳞茎;5—根;
6—地上残茎及基盘;7—腋芽;8—子贝
图1-2 平贝母鳞茎的更新与生长

平贝母主要分布于黑龙江省小兴安岭和东北长白山地区,其中吉林省通化市以及黑龙江省尚志市、海林市、铁力市的人工种植面积最大,是当地农户种植的主要经济作物。

收获平贝母是一项费时、费力的工作,时效性极强,所有产区几乎全部集中在6~7月份收获。由于时值雨季,来不及收获的平贝母会腐烂在地里,因此种植户在收获平贝母时大量雇用工人,所用工具有镐、锹、簸箕、筛子、耙子等。一般做法是先将畦床的一头扒开一部分,露出平贝母鳞茎,然后用锹沿平贝母鳞茎层将覆土翻到作业道上,使整个畦内的平贝母鳞茎暴露或其上有很少覆土,然后用耙子、镐把平贝母和土壤混合层撮到筛子上,经筛孔大小不同的筛子筛分几次后,获得不同等级的平贝母,如图1-3所示。人工采收平贝母用工数量多,劳动强度大,作业成本高,制约平贝母产业发展。

图1-3 平贝母人工松土、捡拾和筛分

据现场调研,近年来人工采收平贝母费用为每平方米4.0~4.5元,采收费用占平贝母利润的1/3~1/2。随着劳动力成本的不断提高和雇工难问题的频发,平贝母收获已成为种植户增收和扩大种植规模的瓶颈,因此实现机械化收获是平贝母生产的当务之急。

机械筛分是平贝母机械化收获的关键环节。平贝母筛分物由平贝母鳞茎、土壤和少量碎石、根须等组成,其中平贝母鳞茎、土壤占比最大。生产中,平贝母筛分主要分为滚筒筛分和振动筛分两种。滚筒筛分是常用的筛分方式,具有筛分效率高、处理能力强等优点,但容易对平贝母鳞茎造成损伤。损伤的平贝母鳞茎作为种子,易受到土壤中有害菌的侵害,导致种子再生能力下降,影响幼苗发育、生长,易导致产量降低;作为商品,损伤位置的细胞发生变化,使有效成分发生变化,加之不能及时干燥,会导致外观、质量不佳和价格下降,造成经济损失。因此,降低平贝母鳞茎损伤对于稳定平贝母产量和种植户收入有重要的意义。从力学角度看,筛分过程中平贝母鳞茎损伤主要包括碰撞造成的破碎、局部损伤和绕滚筒筛做圆周运动带来的表皮擦伤,其中碰撞造成的破碎、局部损伤尤为严重。碰撞损伤与滚筒筛内部结构、材料、运动参数密切相关。从材料角度看,平贝母鳞茎损伤是有机材料击穿的结果。碰撞使平贝母组织结构发生黏性变形和塑性变形,导致部分能量被永久吸收到组织和细胞中,其塑性变形程度和损伤程度与碰撞前、碰撞过程中的能量密切相关。

本书以自行研制的平贝母收获机核心装置——滚筒筛为研究对象,以实现平贝母鳞茎低损筛分为目标,以"运动产生碰撞、碰撞造成损伤"为主线,以物料特性研究为切入点,探究平贝母鳞茎在滚筒筛中的运动碰撞规律,分析平贝母鳞茎与接触部件、平贝母颗粒间的碰撞损伤规律,确定、筛选、优化关键参数,完善滚筒筛。这对于丰富平贝母低损筛分理论、提高平贝母收获技术水平、加快平贝母收获机械化装备推广应用有重要的参考价值。

1.2 国内外研究进展

1.2.1 平贝母滚筒筛及筛分性能研究现状

滚筒筛处理能力强,带有滚筒筛的平贝母收获机得到广泛的应用。黑龙江省林业科学院伊春分院根据人工采收平贝母的农艺过程(即分表土、起贝土、贝土运输和平贝母筛分等环节)研制了 SBC-1 型平贝母收获机,该机由分表土、起贝土、贝土运输、多层滚动圆筛、液压系统等机构组成。如图 1-4 所示,曲阜融兴机械设备有限公司(简称"曲阜融兴")研制的背负式平贝母收获机前端采用高转速链板式升运装置提升贝土,后端采用滚筒直径为 2 m、筛网尺寸为 3 mm×3 mm 的方形滚筒筛对喂入的贝土进行筛分。如图 1-5 所示,新乡地隆药业机械有限公司(简称"新乡地隆")研制的背负式平贝母收获机前端同样采用高转速链板式升运装置提升贝土,后端采用滚筒直径为 1.0 m、滚筒长为 1.8 m、筛网尺寸为 10 mm×10 mm、内嵌扬料板的滚筒筛与筛网尺寸为 3 mm×3 mm 的摆动筛组合,对喂入的贝土进行等级筛分。

图 1-4 曲阜融兴的背负式平贝母收获机及其作业图

图 1-5 新乡地隆的背负式平贝母收获机及其作业图

如图 1-6 所示,黑龙江八一农垦大学工程学院特种经济作物机械化装备团队(简称"特经作物装备创新团队")开发了联合式平贝母收获机。该机可以一次完成去除平贝母表层覆盖土和挖掘、升运贝土至滚筒筛,以及收集筛分后的平贝母等工作。其滚筒直径为 1.3 m,滚筒长为 1.8 m,筛网尺寸为 3 mm × 3 mm,内嵌均匀分布的扬料板。

图 1-6 联合式平贝母收获机及其作业图

如图 1-7 所示,特经作物装备创新团队研制了基于两段法的平贝母收获机。该机由平贝母畦面表土剥离机和滚筒式平贝母筛分机组成。其作业流程为:由平贝母畦面表土剥离机将畦面表层土翻至两侧作业道上,松散平贝母混合层,自然晾晒 3~5 h,然后由滚筒式平贝母筛分机将松散贝土升运至滚筒筛分设备进行筛分并收集。其滚筒直径为 1.3 m,滚筒长为 1.8 m,筛网尺寸为 3 mm × 3 mm,内嵌均匀分布的扬料板。

图1-7　基于两段法的平贝母收获机及其作业图

如图1-8所示,为进一步提高生产效率,特经作物装备创新团队在生产中总结了一套"采收-播种"一体机械化模式,并在两段法平贝母收获机的基础上制造了畦面覆土机,研发了平贝母收播一体机械化装备。其作业流程为:由平贝母畦面表土剥离机将畦面表层土翻至两侧作业道上,松散平贝母混合层,自然晾晒3~5 h;由平贝母升运筛分机捡拾松散平贝母筛分物,将其升运至直径为1.3 m并内置均匀分布扬料板的滚筒筛进行筛分,收集粒径在8 mm(保证筛下平贝母播种量足够)以上的筛上物,粒径8 mm以下的筛下物直接铺放于畦面上;随即采用畦面覆土机进行覆土作业,实现平贝母即收即种。作业后需要加强田间管理,避免重茬导致平贝母减产。

图1-8　平贝母收播一体机械化装备及其作业图

除了整机研发之外,吴立国等人研制了一种包括支撑板、支撑环、支撑杆、中心轴、滚筒筛网的平贝母收获机械的滚筒筛。其滚筒筛网上安装螺旋提升板,板底端装有隔离软板,用以提升混合物高度;螺旋提升板转动时带动隔离软板,以降低平贝母鳞茎在滚筒筛内的运动速度,减少平贝母撞击损伤。

目前,上述几款滚筒式平贝母收获机只进行了试验示范,未见大规模推广应用。其原因在于滚筒式平贝母收获机虽然可以提高生产效率,但会使平贝母产生严重的损伤。因此,减少平贝母损伤是滚筒式平贝母收获机得到推广应用的关键。

相关学者关于平贝母滚筒筛分性能的研究较少。王密对滚筒物料运动轨迹进行了理论分析,通过二次回归正交旋转试验解析了喂入量、滚筒转速、滚筒长度对筛净率和损伤率的影响,建立了回归方程,优化了主要参数。李三平等人测定了平贝母基本力学参数,针对平贝母与滚筒筛碰撞损伤面积,运用MATLAB 软件对平贝母收获机滚筒筛进行优化设计,得出滚筒筛的最佳半径,同时运用 EDEM 软件进行模拟仿真,得出最佳临界转速,并验证最佳半径。李三平等人针对平贝母滚筒筛分过程中的碰撞损伤问题,基于运动速度对撞击损伤的影响取不同高度值,对外形尺寸相近的平贝母鳞茎进行抛出碰撞试验,并检验碰撞损伤效果;运用 ANSYS 软件建立力学模型,分析平贝母鳞茎挤压应力等值图,将挤压试验与碰撞试验结果相比较。其研究结果表明,平贝母鳞茎抛出高度为 400 mm、速度为 47.1 m/min 时极限碰撞应力最接近平贝母鳞茎的损伤应力,此时平贝母损伤率小于 5%。

针对滚筒筛分性能,前人分析了滚筒转速、倾角、喂入量等因素对平贝母损伤的影响,并以低损为目标优化了滚筒筛的结构及运动参数。但是,从滚筒筛内“平贝母运动 – 碰撞 – 损伤”因果关系角度出发系统阐明平贝母损伤机理并优化滚筒筛结构及运动参数鲜见报道。

1.2.2　滚筒内颗粒运动碰撞规律研究现状

颗粒在滚筒内的运动形态主要有 6 种:滑移、塌落、滚落、泻落、抛落和离心运动。目前相关研究主要集中在滚筒内物料混合运动、接触以及碰撞规律方面,涉及的物料运动形态主要有滑移、塌落、滚落、泻落,其实质是颗粒和颗粒群的运动变化,以及颗粒间、颗粒与部件的接触、碰撞。相关的研究方法主要有理论分析法、试验观测法和离散元法。

理论分析法是通过运动学、力学知识来分析颗粒群运动轨迹和颗粒与筛面的碰撞规律,建立理论方程,分析主要因素对物料损伤的影响。蔡玉良等人运用数学分析方法研究了物料在滚筒筛内的运动过程,获得了滚筒筛最佳运行状态参数。李腾飞等人以最外层物料为例理论推导了碰撞高度和物料与滚筒壁回落点的切向、法向速度。

试验观测法对于特定条件下颗粒混合行为的影响因素试验研究必不可少,但由于其成本较高且试验结果难以记录等,因此该方法只适用于有限情况,难以观测颗粒间强烈且频繁的碰撞以及颗粒与滚筒壁的相互作用。

离散元法是通过建立颗粒模型模拟滚筒筛分过程中颗粒间、颗粒与筛面的相互运动规律,解析主要因素对物料损伤的影响。相较而言,离散元法是一种对固有物理特性颗粒在不同条件下产生复杂物理现象进行分析的有效途径。

离散元法被广泛应用于滚筒内颗粒的运动模拟。已有很多研究人员采用离散元法研究了二维滚筒,为了更接近实际工程应用,近年来对三维滚筒的研究逐渐增多。例如,Yang 等人采用离散元法模拟三维滚筒中颗粒的运动,讨论颗粒运动活跃区和相对静止区的关系。Wightman 等人采用离散元法对摇动及滚动圆柱形容器中颗粒的流动和混合进行模拟,发现摇动对颗粒施加时变扰动,显著增强颗粒混合,并通过试验验证了模拟结果。Sato 等人采用离散元法模拟不同搅动转速下、强剪切作用时三维转鼓混合器内颗粒的运动,结果表明,颗粒动能可以较好地反映颗粒行为特性。Soni 等人采用离散元法模拟填充率高于 50% 的三维滚筒,发现填充率、颗粒尺寸相对于滚筒转速、几何结构对相对静止区的影响更大。以上主要研究颗粒混合运动规律,为研究颗粒内部力学信息,Walsh 等人提出了"力链"的概念,指出力链是颗粒物质受力、变形和运动的内在影响因素。Yang 等人也在研究回转窑内物料微观动力学信息时得出了颗粒的法向力力链形态。陈辉等人采用离散元法建立颗粒运动数学模型,通过计算、分析得出了物料在回转窑截面上的运动形态,同时针对常见的滚落运动,在 Yang 等人的基础上研究了物料的力链结构及分布特点。

总之,前人理论分析了物料在滚筒内的运动过程,模拟分析了滚筒内颗粒混合过程中颗粒间、颗粒与筛面的相互运动碰撞规律,分析了滚筒转速、喂入量等因素对颗粒混合效果的影响。然而,采用理论、数值模拟方法研究滚筒筛内平贝母筛分物在扬料板作用下的抛落运动和筛分物间的碰撞规律鲜见报道。

1.2.3 物料碰撞损伤影响因素研究现状

对平贝母碰撞损伤特性的研究较少,对滚筒筛内平贝母碰撞损伤的研究更为鲜见。碰撞损伤研究主要针对水果和蔬菜,主要在碰撞试验台上进行,评价指标大体分为两类:一是碰撞能、碰撞损失能等耗能指标;二是损伤深度、面积、体积等。

　　Hussein 等人和 Idah 等人研究了碰撞高度与碰撞能量的关系,结果表明,碰撞高度越高,碰撞能量越大。Zhang 等人和 Celik 等人讨论了苹果碰撞高度对碰撞损失能的影响,通过有限元分析、显示动力学模拟分析及试验得出碰撞损失能随落点高度的增加而增大。Öztekin 和 Güngör 分析了钢、泡沫橡胶、泡棉碰撞表面损失能的变化,使用冲击测试装置将水果跌落到钢质冲击表面进行水果冲击测试,评估峰值冲击加速度、速度变化与果实损伤面积的关系,结果表明,水果表面出现了最大面积的损伤。Yuwana 等人和 Fu 等人进行了苹果间碰撞试验,分析了苹果质量、掉落高度、剪应力和储存时间对碰撞损失能的影响,得出了苹果所能承受的冲击。Ahmadi 和 Van Zeebroeck 等人通过碰撞试验分析了番茄及猕猴桃刚度、贮藏温度、曲率半径、碰撞能量、碰撞力对碰撞损失能的影响。Shahbazi 评估了不同含水率鹰嘴豆在不同速度下的碰撞损伤,通过目视检查对损坏种子进行分类。Celik 分析了不同碰撞高度、碰撞面和碰撞方向对梨碰撞损失能的影响,采用显示动力学模拟技术确定了不同冲击条件下梨的损伤易感指数,结果表明,梨与木质碰撞面碰撞损伤敏感性最大,与橡胶基碰撞面碰撞损伤敏感性最小。

　　以上主要研究了碰撞高度、接触材料、碰撞方向等因素对苹果、番茄等水果碰撞损失能的影响。除此之外,国内外学者还对水果、蔬菜的损伤深度、宽度、直径、面积或体积进行了研究。

　　Xie 等人通过马铃薯摆锤碰撞试验研究了初始高度、块茎质量、块茎温度、碰撞材料与碰撞速度、损伤体积的关系,结果表明,随着初始高度的增加,马铃薯的损伤体积和最大速度增大,同时最小速度减小,达到最大速度所需的时间减少。Htike 等人采用图像分析方法分析了不同碰撞高度、跌落次数对石榴碰撞损伤和品质的影响,结果表明,落下高度、落下次数和储存温度对石榴损伤影响显著。Wang 等人通过摆锤试验研究了荔枝碰撞力、压缩深度和接触长度,并提出了一种计算任意时刻接触面积、平均表面压力和压缩体积的方法。蒋鑫等人为明晰库尔勒香梨冲击损伤变化规律,运用自制试验台研究采摘期和贮藏期香梨冲击高度与损伤体积的关系,发现随着冲击高度的增加,香梨损伤体积不断增大,冲击高度与损伤体积呈二次函数关系。王芳等人以西瓜纹理裂开长度为损伤评价指标,研究了碰撞高度、西瓜质量、碰撞材料及碰撞材料层数等物理参数对西瓜碰撞加速度峰值和最大变形量的影响,发现碰撞高度和西瓜质量对碰撞加速度峰值影响显著,碰撞加速度峰值与碰撞高度正相关、与西瓜质量负相关,瓦楞纸缓冲能力优于网状聚乙烯泡沫塑料,碰撞材料缓冲能力与冲击加速度峰值、最大变形量负相关。Słupska 等人提出一种基于跌落高度和接触材料的估计瘀伤体积的方法,跌落高度以 10 mm 的增量从 10 mm 增至 150 mm 进行自由落体试验确定水果损伤体积,同时建立了基于落点高度和落点材料类型的线性回归模型来预测果实损伤体积。Jarimopas 等人为探讨泡沫网与瓦楞纸板作为苹果包装材料的碰撞特性,研制了一种简易碰撞试验装置,用于测定撞击损伤体积与撞击能量的关系。Hussein 等人对新鲜水果易受损伤因素进行研究,发现损伤取决于许多因素,如产品成熟度、收获时间和收获后时间间隔等。Hadi 等人开发了一种研究苹果损伤的摆式装置,使用摆锤碰撞苹果,用游标卡尺测量损伤直径、深度和接触面永久变形,采用多元回归分析方法建立了苹果损伤预测模型。

以上是国内外学者关于碰撞高度、块茎质量、块茎温度、碰撞材料、碰撞次数等因素对水果、蔬菜损伤深度、宽度、直径、面积或体积等的影响研究。此外,关于如何测量组织损伤深度、宽度、直径、损伤面积或体积,国内外学者也开展了相关研究。

1.2.4　物料损伤评价指标研究现状

Babarinsa 和 Ige 通过压缩试验研究了不同果实成熟度、振动水平、容器类型对包装后番茄载荷、变形、应力等的影响,结果表明,果实成熟度和振动水平对番茄载荷、变形、应力、断裂能均有显著影响,而容器类型仅影响变形和应力,振动水平提高导致抗破裂能力降低。Sola - Guirado 等人研究了受控碰撞引起的水果瘀伤的时间演化,通过对果实照片进行数字处理得到果实的伤痕指数和果实的长度、直径、圆度、斑点数、颜色等参数。Zhang 等人针对荔枝建立 CED 模型,用摆锤试验检验模型的准确度,计算荔枝的碰撞特性。Delfan 等人研究了鹰嘴豆种子在不同碰撞表面、碰撞高度和种子含水率下自由落体的损伤程度。Celik 等人采用基于逆向工程方法的实体建模和显式动态工程模拟研究马铃薯损伤,并准确地表达碰撞情况下马铃薯块茎的瞬时动态变形行为。Jiménez - Jiménez 等人研究了橄榄擦伤与时间的关系,在可见、近红外区域使用分光光度计评估损伤的时间演变,分析了不同碰撞能量下的损伤情况。Li 等人结合高光谱图像和光谱特征预测了黄桃的力学参数,通过阈值分割和像素计算得到损伤区域。

Vursavus 和 Ozguven 用数字卡尺测量了苹果的划痕直径,并将苹果的损伤程度分为无、微量、轻度、中度、严重损伤。为了检测早期或轻度损伤,赵杰文等人和 Baranowski 等人使用高光谱成像技术及热成像技术测量损伤面积。为了表征可食用橄榄的损伤,González - Merino 等人通过三维扫描对橄榄进行分析,确定了新的几何参数,用网格曲率图自动检测受损区域。Ahmadi 等人用数字卡尺测量桃子损伤深度和宽度,计算损伤体积。Maness 等人用数字卡尺测量梨的长轴和短轴损伤宽度、深度,计算梨的损伤体积。Jarimopas 等人通过摆锤试验模拟分析损伤体积与碰撞能量的关系。李晓娟等人通过对苹果进行悬摆式碰撞试验,分析各碰撞参数对损伤体积的影响,结果表明,碰撞损失能、跌落角度、峰值加速度、碰撞恢复系数对损伤体积影响显著。Fu 等人提出一种用摆锤法测量苹果损伤的方式,结果表明,苹果表面区域和反复撞击影响损伤的大小与敏感性,冲击力随反复撞击次数的增加而明显增大。

以上是国内外学者采用数字图像处理、分光光度计评估、高光谱成像技术、热成像技术等无伤即时检测方式对水果、蔬菜的损伤区域进行评价。

王剑平等人以黄花梨为试验对象进行了撞击力学特性研究,将碰撞后的黄花梨放置在 20 ℃下保存 24 h 后,受损部位变褐,沿碰撞点从中切开,观察和测量变褐体积即为损伤体积,得出不同下落高度、坚实度、质量的黄花梨的碰撞特性。Kitthawee 等人将球形碰撞器掉落到椰子果实上,撞击后用永久性墨水笔标记接触区域,在室温下储存 24 h 以上,使损伤区域变色,然后在标记区域平行于其轴对果实进行切片,测量损伤宽度和深度,发现损伤发生的概率与低于损伤阈值的压缩或冲击能量之间存在良好的相关性。Sasaki 等人为评估草莓运输过程中振动时不同包装对其造成的损伤面积比,通过振动试验模拟损伤,记录草莓表面损伤面积(直径),并计算损伤面积与草莓表面积的比值。Shang 等人通过单因素试验研究了振动模型参数对马铃薯损伤体积的影响,结果表明,衰减系数随碰撞高度和马铃薯质量的增加而增大,与马铃薯损伤体积显著正相关。

吴杰等人对香梨果实在不同碰撞高度与碰撞材料下的接触应力进行测量,将香梨近似为椭球体,将损伤区域近似为椭圆形,确定损伤面积。Satitmunnaithum等人对成熟的温室草莓进行跌落碰撞试验,并根据不同视觉损伤指数进行分类。Jiménez-Jiménez等人通过比较逐像素扫描图像获得橄榄的损伤百分比。Stopa等人在苹果碰撞测试后标记果实,并在25 ℃下储存4 d,直到擦伤区域颜色全部显现后对损伤表面进行分析。Komarnicki等人研究了金冠苹果在自由跌落过程中受到不同刚性平板碰撞载荷时的损伤,在碰撞试验后标记损伤果实,并在室温下储存3 d,对损伤部位采用矢量图像方法进行统计评价。Zhou等人在跌落测试后立即将所有水果样品放在冷室中储存一周,将样品取出后通过手指触摸和视觉观察检查样品,用标记笔标记机械碰撞引起的损伤部位,拍照后根据像素点进行损伤区域统计。Komarnicki等人为定量评估损伤梨表面压力的变化,通过测量不同碰撞高度和指定数量的碰撞表面压力对损伤组织的图像进行计算机分析,确定损伤体积,分析碰撞载荷对耐擦伤性的影响。Riquelme等人基于橄榄图像,提取其外部缺陷特征建立一个层次化模型,对图像进行分割,并基于颜色参数、缺陷及整个果实形态特征进行处理。Tamashiro等人用游标卡尺确定损伤面积,记录损伤草莓数量,计算损伤百分比。Stropek和Gołacki将碰撞后的苹果在室温下放置24 h使其组织变黑,垂直于损伤平面切割苹果,用游标卡尺测量损伤深度。Saracoglu等人将脱落后的橄榄果实放置24 h使其损伤充分扩展,将果实视为椭圆形,通过测量损伤宽度计算损伤体积。Xia等人将所选水果从固定高度跌至不同材料表面,用未掉落的猕猴桃作为参照,将撞击后猕猴桃贮藏10 d后,发现受碰撞区果肉黯淡,根据横截面损伤面积进行分类。Van Linden等人采用仪器法测定番茄果实的损伤敏感性,在撞击后将番茄放置2 d,用手指敲击撞击点与完整组织,评估擦伤。

以上为国内外学者开展的水果、蔬菜损伤区域色变后处理检测方法研究,其研究方法包括矢量图像、切片、试验前后称重等。用这些方法评价平贝母鳞茎损伤有一定的局限性。这是因为平贝母鳞茎由2~3个半月形扁圆鳞瓣抱合而成,中间有空隙,且粒径较小,加之与其碰撞对象不同,以上检测方法很难准确评价平贝母损伤。

1.2.5 目前存在的问题

纵观国内外研究现状,平贝母低损筛分研究存在以下三个问题:

①滚筒式平贝母收获机筛分效率高,应用前景广,但存在平贝母损伤问题。前人以滚筒筛为研究对象分析了多种因素对平贝母损伤的影响,并以低损为目标优化了滚筒筛的结构及运动参数,但未从滚筒筛内"平贝母运动 – 碰撞 – 损伤"因果关系角度出发系统阐明平贝母损伤机理并优化滚筒筛的相关参数。

②前人理论分析了颗粒在滚筒内的运动过程并采用离散元法模拟了有关的碰撞规律,探究了多种因素对颗粒混合效果的影响,而鲜见有人采用理论、数值模拟方法研究滚筒筛内平贝母筛分物在扬料板作用下的抛落运动和筛分物间的碰撞规律。

③滚筒筛分平贝母鳞茎时,滚筒筛内部运动复杂,影响因素难以控制,平贝母碰撞与损伤关系难以建立。国内外学者已开展了碰撞高度、接触材料、碰撞方向等因素对水果、蔬菜碰撞损失能、损伤深度、宽度、直径、面积、体积等评价指标的研究,采用矢量图像、切片、试验前后称重、近似等方法进行了损伤区域的即时无损检测和损伤区域后处理检测,而通过碰撞试验模拟平贝母在滚筒筛内的损伤及其影响因素等研究平贝母损伤鲜见报道。

综上所述,搭建滚筒筛试验台、采用理论或数值模拟方法探究平贝母筛分物在滚筒筛中的运动规律以及颗粒间、颗粒与筛网间碰撞规律的研究很少,基于理论分析和数值模拟结果,通过碰撞试验模拟滚筒筛内平贝母碰撞损伤从而阐明低损筛分机理并确定、筛选和优化试验参数的研究鲜见报道。

1.3 本书的主要研究内容和方法

①平贝母筛分物物理特性参数测定。本书选用伊春铁力市和丰林县的平贝母鳞茎,运用度量方法测定平贝母鳞茎三轴尺寸及质量,自制试验台架,测定平贝母筛分物静摩擦因数、滚动摩擦因数、碰撞恢复系数,分析影响土壤团聚的临界含水率等基础数据,为后续筛分物碰撞能量损失数值模拟和碰撞损伤试验提供基础数据。

②滚筒筛内平贝母筛分物运动、碰撞规律的理论分析与数值模拟。本书采

用动力学与运动学相结合的理论研究方法构建平贝母筛分物运动轨迹和速度模型,分析滚筒筛内结构、运动参数变化对平贝母筛分物运动轨迹和速度的影响,结合平贝母筛分物特性测定的数据建立滚筒筛、平贝母和土壤的离散元仿真模型,分析滚筒筛内结构、运动参数对滚筒筛内平贝母碰撞能量损失的影响,建立滚筒筛内结构、运动参数与平贝母碰撞损失能的关系,为后续平贝母碰撞损伤试验和台架与田间试验提供理论支撑。

③平贝母鳞茎与筛网、平贝母鳞茎间以及平贝母鳞茎与土壤的碰撞损伤试验研究。本书搭建平贝母鳞茎与筛网碰撞试验台架,结合滚筒筛内平贝母筛分物的运动、碰撞规律,通过单因素试验和正交试验建立平贝母损伤与碰撞损失能的回归模型,创建平贝母鳞茎间以及平贝母鳞茎与土壤颗粒碰撞试验台架,通过碰撞试验模拟滚筒筛内平贝母筛分物的运动、碰撞,建立平贝母碰撞损伤与碰撞损失能的回归模型,为后续台架与田间试验提供理论支撑。

④研制试验台架,确定影响滚筒筛内平贝母损伤的结构、运动参数及评价指标。本书设计试验方案,确定、优化目标函数,得到最优组合参数,完善试验样机,调整最佳组合参数,通过田间试验验证整机工作性能和作业质量是否满足设计要求。

1.4 本书的技术路线

本书根据研究目标和主要内容,结合运动学分析、数值模拟、碰撞试验和参数优化试验等方法,系统开展平贝母收获机滚筒筛低损筛分机理与参数优化试验研究。本书的技术路线如图1-9所示。

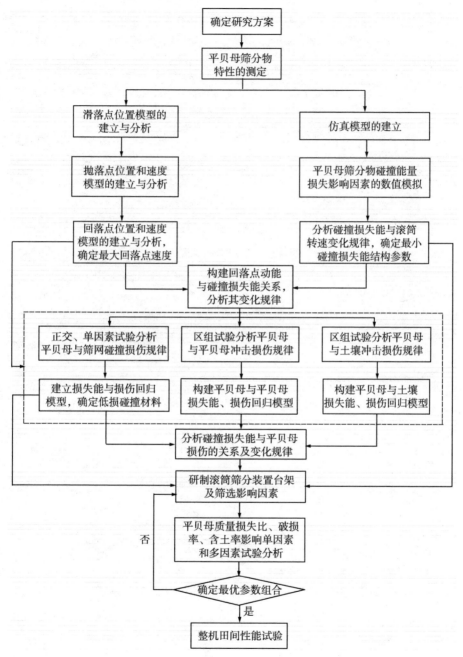

图 1-9　本书的技术路线

2 平贝母筛分物物理特性参数的测定

2.1 平贝母鳞茎三轴尺寸

在伊春铁力市和丰林县平贝母种植基地随机选取 5 块平贝母长势较好且无病虫害的地块进行取样,收获 $1.00\ \text{m} \times 1.00\ \text{m} \times 0.01\ \text{m}$ 范围内的平贝母鳞茎和土壤,将取样后的平贝母鳞茎挑选、清洗、晾干,并按大小和形状分为大平头、小平头、大豆子、桃贝、米贝 5 类。从不同类型的平贝母鳞茎中随机取100 粒进行三轴尺寸测量,取 50 粒测定粒重,如图 2 – 1 所示。

图 2 – 1 平贝母鳞茎三轴尺寸、粒重测定

如图 2 – 2 所示,建立空间直角坐标系,用游标卡尺测量各类平贝母鳞茎的 X、Y、Z 轴尺寸,统计其均值及标准差,见表 2 – 1。

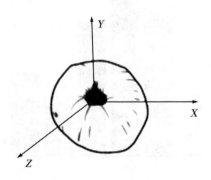

图 2 – 2 平贝母鳞茎轴测图

表 2 – 1   样本空间内不同类型平贝母鳞茎三轴尺寸均值与标准差

平贝母类型	X 轴长度平均值/mm	标准差/mm	Y 轴长度平均值/mm	标准差/mm	Z 轴长度平均值/mm	标准差/mm
大平头	23.37	2.04	13.10	1.84	21.96	1.98
小平头	17.12	1.80	10.72	1.52	15.80	1.87
大豆子	11.61	1.72	12.00	1.45	9.86	1.91
桃贝	7.08	1.10	8.04	1.08	5.57	0.92
米贝	4.29	0.92	4.97	1.03	3.45	0.84

确定大平头、小平头、大豆子、桃贝、米贝各方向尺寸的分组数、组距和组界,记录各组数据,确定各组频数和频数密度,绘制直方图,如图 2 – 3 所示。由直方图可以直观看出不同类型平贝母各方向尺寸的分布情况:尺寸偏大、偏小者很少,大部分居中。由概率论可知,相互独立的大量微小随机变量的总和分布符合正态分布,故不同类型平贝母鳞茎各方向尺寸分布为正态分布。采用Origin 2021 软件中的 Gucess 函数进行拟合,确定正态分布的 μ 值和 σ 值,见表2 – 2。

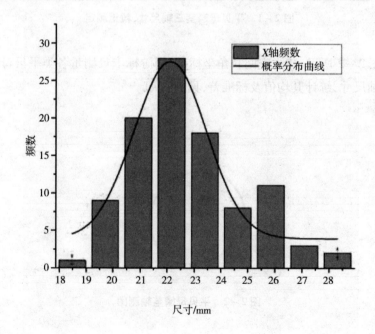

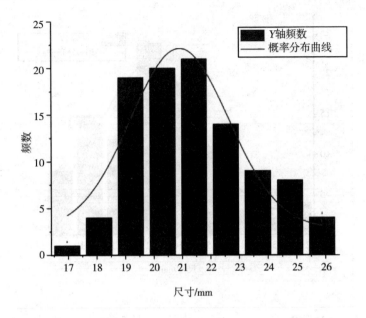

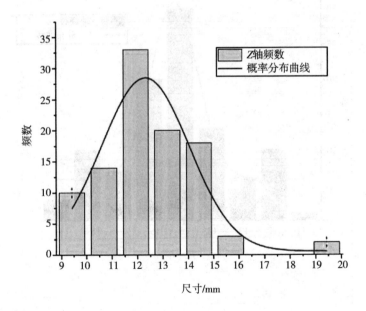

(a)大平头三轴尺寸统计直方图

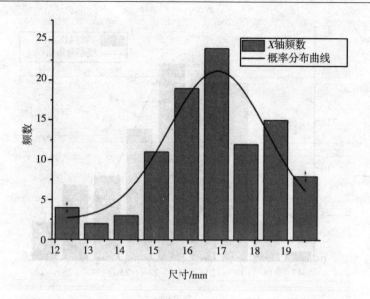

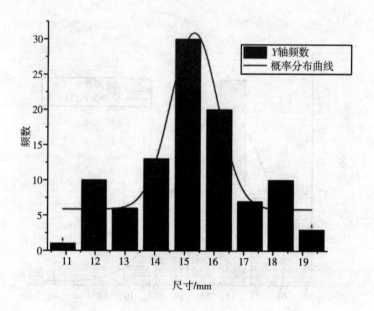

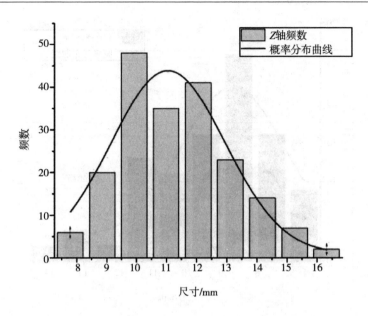

(b)小平头三轴尺寸统计直方图

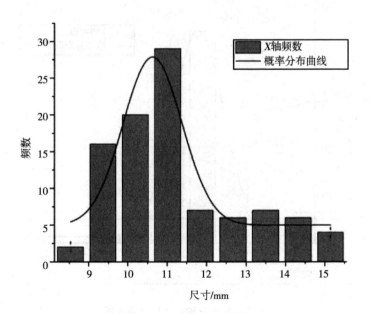

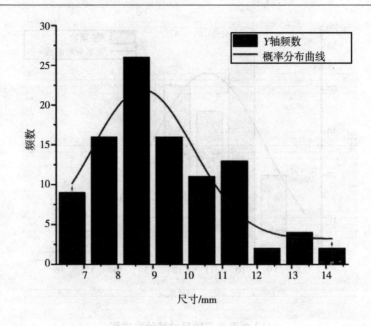

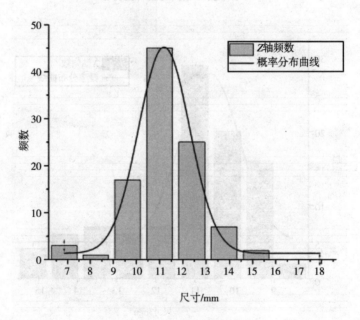

（c）大豆子三轴尺寸统计直方图

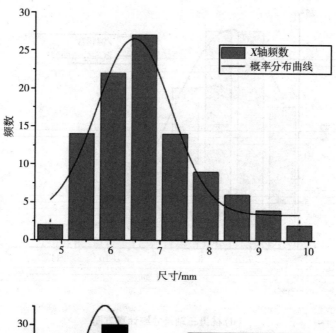

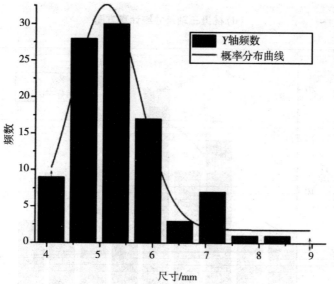

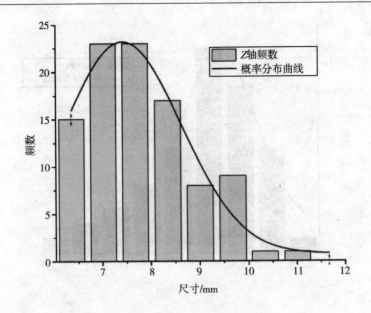

(d) 桃贝三轴尺寸统计直方图

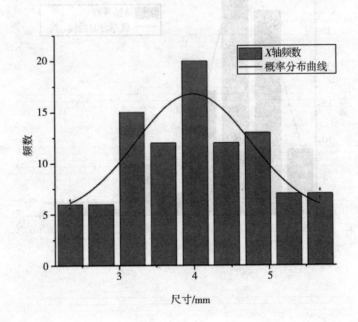

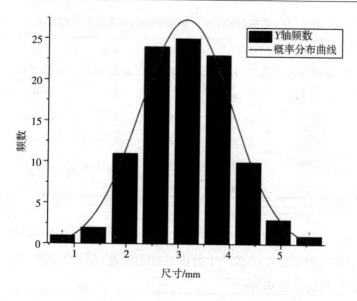

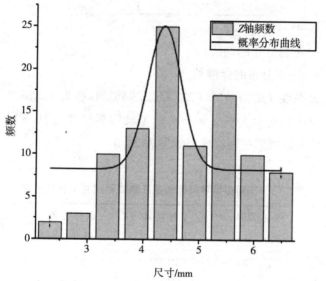

（e）米贝三轴尺寸统计直方图

图 2 - 3 不同类型平贝母鳞茎三轴尺寸统计直方图

表 2 - 2　不同类型平贝母鳞茎三轴尺寸正态分布特征值

平贝母 类型	X 轴 μ 值/mm	X 轴 σ 值/mm	Y 轴 μ 值/mm	Y 轴 σ 值/mm	Z 轴 μ 值/mm	Z 轴 σ 值/mm
大平头	22.73	2.94	12.31	3.46	20.91	3.46
小平头	16.87	2.93	10.07	2.41	15.31	1.59
大豆子	11.19	2.20	8.71	2.91	10.63	1.50
桃贝	6.46	1.51	7.42	2.43	5.10	1.27
米贝	3.99	1.51	4.36	0.67	3.14	1.79

为确定大平头、小平头、大豆子、桃贝和米贝 5 类平贝母鳞茎尺寸的分界值,计算相邻类型平贝母鳞茎尺寸的正态分布密度函数的交点,对应 x 值取整为筛孔尺寸,其交点公式为:

$$\frac{1}{\sigma_1\sqrt{2\pi}}e^{-\frac{(x-\mu_1)^2}{2\sigma_1^2}} = \frac{1}{\sigma_2\sqrt{2\pi}}e^{-\frac{(x-\mu_2)^2}{2\sigma_2^2}} \qquad (2-1)$$

式中:μ_1,μ_2——正态分布的均值;

σ_1,σ_2——正态分布的标准差。

例如,将大平头 (μ_1,σ_1) = (22.73,2.94)、小平头 (μ_2,σ_2) = (16.87, 2.93)代入式(2-1)可得大平头 ~ 小平头 X 轴临界尺寸为 19.80 mm。以此类推,不同类型平贝母鳞茎三轴临界尺寸见表 2-3。

表 2 - 3　不同类型平贝母鳞茎三轴临界尺寸及筛孔尺寸

平贝母类型	X 轴临界 尺寸/mm	Y 轴临界 尺寸/mm	Z 轴临界 尺寸/mm	筛孔尺寸/ (mm × mm)
大平头 ~ 小平头	19.80	10.99	17.07	17 × 17
小平头 ~ 大豆子	13.60	9.45	12.90	13 × 13
大豆子 ~ 桃贝	8.38	8.00	7.64	8 × 8
桃贝 ~ 米贝	5.23	5.02	4.29	5 × 5

2.2　平贝母鳞茎粒重

随机选取平均含水率为 66.1% 的不同类型平贝母鳞茎 50 粒,用测量精度为 0.01 g 的电子天平进行测量,记录测量结果,计算其平均值,再根据标准差计算公式[式(2-2)]得出粒重的平均值和标准差,见表 2-4。

$$s = \sqrt{\frac{\sum_{i=1}^{n} (x_i - \overline{x})^2}{n-1}} \qquad (2-2)$$

式中:x_i——每组样本的实测值,g;

$\overline{x}$——每组样本实测值的平均值,g。

表 2-4　不同类型平贝母鳞茎粒重的平均值和标准差

序号	平贝母类型	平贝母含水率/%	粒重平均值/g	标准差/g
1	大平头	66.2	5.60	1.10
2	小平头	66.1	2.33	0.20
3	大豆子	66.0	0.95	0.11
4	桃贝	66.1	0.48	0.08
5	米贝	66.1	0.13	0.03

由表 2-4 可知:平贝母鳞茎质量由大至小依次为大平头、小平头、大豆子、桃贝、米贝;粒重平均值分别为 5.60 g、2.33 g、0.95 g、0.48 g 和 0.13 g;标准差分别为 1.10 g、0.20 g、0.11 g、0.08 g 和 0.03 g。

2.3　土壤含水率

2.3.1　材料与方法

2.3.1.1　试验材料

土壤含水率是影响平贝母鳞茎筛分效率和损伤的重要因素。高含水率会造成土壤团聚,降低筛分效率,过高土壤含水率甚至会造成严重堵筛现象。然而,土壤团聚体在低含水率条件下与平贝母发生碰撞会造成平贝母鳞茎损伤。因此,有必要研究土壤含水率与土壤团聚的关系,确定土壤含水率的合理范围,提高筛分效率和降低平贝母鳞茎损伤。本节试验选取伊春铁力市和丰林县平贝母种植地富含腐殖质的黑钙土作为样本进行筛分,除去筛上物,保留筛下物,测定含水率,测定方法参照国家标准《土壤 干物质和水分的测定 重量法》(HJ 613—2011)。

2.3.1.2 试验设备

FT101A 电热鼓风干燥箱 2 台、BSA124S 电子天平 1 台、滚筒筛(4 mm × 4 mm 方形筛孔)1 台、摆动筛(4 mm×4 mm 方形筛孔)1 个、秒表 1 个、电子秤(0.1 kg~10 kg)1 个。

2.3.1.3 试验指标与方法

(1)试验指标

筛上物占比为筛上物质量占土壤总质量的百分比,反映土壤团聚,其表达式为:

$$\psi = \frac{m_{筛上物}}{m_{筛上物} + m_{筛下物}} \times 100\% \qquad (2-3)$$

式中:ψ——筛上物占比,%;

$m_{筛上物}$——筛上物土壤质量,kg;

$m_{筛下物}$——筛下物土壤质量,kg。

(2)不同种植区土壤含水率对筛上物占比影响的试验方法

取伊春铁力市和丰林县平贝母种植土壤各 5 kg,每 0.5 kg 为 1 个单元,分别标号 a_1、a_2……、b_1、b_2……。取 a_1、b_1 土壤,测量其含水率并进行滚筒筛分,转速为 30 r/min,分别测量筛上物、筛下物土壤质量,将其余土壤放入 45 ℃ 干燥箱中干燥 15 min。重复以上步骤取 a_2、b_2 土壤进行滚筒筛分,以此类推,并记录数据。

(3)筛分方式与土壤含水率对筛上物占比影响的试验方法

取伊春丰林县平贝母种植土壤 10 kg,分 2 组,每组 5 kg,每 0.5 kg 为 1 个单元,分别标号 a_1、a_2⋯⋯,b_1、b_2⋯⋯。对 a_1 土壤测量含水率并进行滚筒筛分,转速为 60 r/min;对 b_1 土壤测量含水率并进行摆动筛分,频率为 3 Hz;将其余土壤放入 45 ℃ 干燥箱中干燥 15 min。重复以上步骤,对 a_2、b_2 土壤进行筛分,以此类推,并记录数据。试验流程如图 2-4 所示。

图 2-4　筛分方式与土壤含水率对筛上物占比影响试验流程

(4)滚筒转速与土壤含水率对筛上物占比影响的试验方法

取伊春丰林县平贝母种植土壤 15 kg,分 3 组,每组 5 kg,每 0.5 kg 为 1 个单元,分别标号 a_1、a_2⋯⋯,b_1、b_2⋯⋯,c_1、c_2⋯⋯。对 a_1 土壤测量含水率并进行滚筒筛分,转速为 60 r/min;对 b_1 土壤测量含水率并进行滚筒筛分,转速为 30 r/min;对 c_1 土壤测量含水率并进行滚筒筛分,转速为 20 r/min;将其余土壤放入 45 ℃ 干燥箱中干燥 15 min。重复以上步骤,对 a_2、b_2、c_2 土壤进行筛分,以此类推,并记录数据。

2.3.2 结果与分析

2.3.2.1 不同种植区土壤含水率对筛上物占比的影响

图 2-5 显示伊春铁力市(图中简称"伊春铁力")和伊春丰林县(图中简称"伊春丰林")土壤含水率对筛上物占比的影响。由图 2-5 可知:土壤含水率为 23%~26% 时,筛上物占比随着含水率的增大而缓慢增大;土壤含水率大于 26% 时,筛上物占比随着含水率的增大而明显增大;不同种植区土壤含水率对筛上物占比影响不显著。

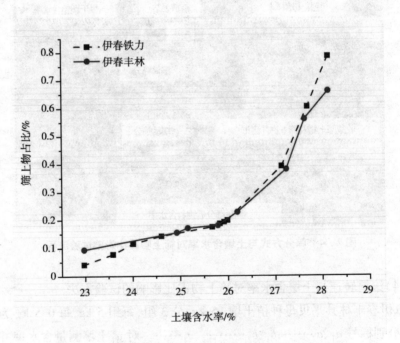

图 2-5 不同种植区土壤含水率对筛上物占比的影响

2.3.2.2 筛分方式与土壤含水率对筛上物占比的影响

图 2-6 为筛分方式与土壤含水率对筛上物占比的影响。由图 2-6 可知:土壤含水率为 20%~26% 时,筛上物占比(反映土壤团聚率)随着含水率的增大

而缓慢增大;土壤含水率大于 26% 时,筛上物占比随着土壤含水率的增大而明显增大;滚筒筛筛上物占比大于摆动筛筛上物占比,表明滚筒筛更易使土壤团聚。

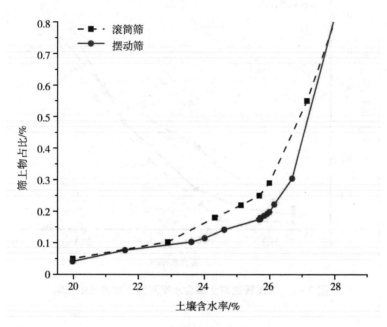

图 2-6　筛分方式与土壤含水率对筛上物占比的影响

2.3.2.3　滚筒转速与土壤含水率对筛上物占比的影响

图 2-7 为滚筒转速与土壤含水率对筛上物占比的影响。由图 2-7 可知:土壤含水率为 25.0% ~ 28.0% 时,筛上物占比随着土壤含水率的增大而增大;在一定的土壤含水率下,筛上物占比随着滚筒转速的增大而先减小后增大。在滚筒转速为 20 r/min 和 30 r/min 的情况下,土壤含水率大于 26.0% 时,筛上物占比随着含水率的增大而明显增大;土壤含水率为 25.0% ~ 26.0% 时,筛上物占比随着含水率的增大而缓慢增大。滚筒转速为 60 r/min 时,未出现明显的拐点,但滚筒转速为 60 r/min 时的筛上物占比明显高于滚筒转速为 20 r/min 和 30 r/min 时。其原因主要是滚筒转速为 60 r/min 时,土壤在滚筒内做离心运动,不利于土壤筛分,故筛上物占比相对较高。在实际筛分过程中,滚筒转速很

难达到 60 r/min。

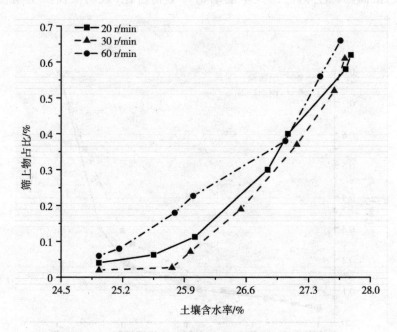

图 2-7　滚筒转速与土壤含水率对筛上物占比的影响

综上所述,土壤团聚快慢的临界含水率是 26%,土壤含水率小于 26% 时,筛上物占比随着含水率的增大而缓慢增大,反之则快速增大;摆动筛分相对于滚筒筛分不易造成土壤团聚;滚筒筛内筛上物占比随着土壤含水率的增大而增大,随着滚筒转速的增大而先减小后增大。

2.4　平贝母筛分物静摩擦因数

2.4.1　测定方法

通过斜面滑移试验分别测定土壤颗粒和平贝母鳞茎与橡胶、筛网的静摩擦因数 μ_m,测定方法如图 2-8 所示。将材料板固定在倾斜板上,倾斜板初始时水平放置。为了降低试验误差,防止物料滚动影响静摩擦因数的测定,将土壤颗粒制作成长方体结构或将 4 粒平贝母鳞茎黏结在一起放置在材料板的一端,然后缓慢匀速提升倾斜板的一端,使材料板倾斜角 α 逐渐增大,当物料开始滑移时立即停止提升,固定倾斜板,用角度数显仪测量此时的斜面倾角(静摩擦角)α_m。分别对土壤颗粒和平贝母鳞茎进行 6 次重复试验。静摩擦因数为静摩擦角的正切值,计算公式为:

$$\mu_m = \tan\alpha_m \tag{2-4}$$

式中:μ_m——静摩擦因数;

$\qquad\alpha_m$——静摩擦角,(°)。

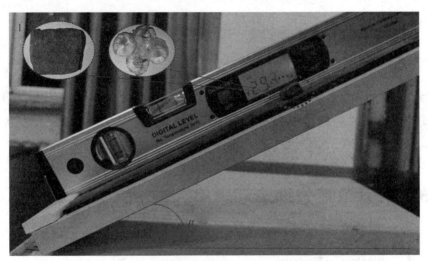

1—土壤颗粒长方体结构;2—平贝母鳞茎

图 2-8　静摩擦因数测定

2.4.2　结果与分析

分别测得土壤颗粒与橡胶、土壤颗粒与筛网、平贝母鳞茎与橡胶、平贝母鳞茎与筛网的静摩擦角,见表 2-5。

表2-5 不同物料与材料板的静摩擦角

序号	土壤颗粒与橡胶的静摩擦角/(°)	土壤颗粒与筛网的静摩擦角/(°)	平贝母鳞茎与橡胶的静摩擦角/(°)	平贝母鳞茎与筛网的静摩擦角/(°)
1	16.35	30.15	21.13	25.24
2	16.52	30.21	21.51	25.26
3	16.77	30.54	21.32	25.07
4	16.18	29.73	20.86	25.03
5	15.85	30.14	20.59	25.23
6	15.79	30.10	21.37	25.34

取平均值(保留小数点后一位),得到静摩擦角分别为 16.2°、30.1°、21.3°和 25.2°,从而确定土壤颗粒与橡胶、土壤颗粒与筛网、平贝母鳞茎与橡胶、平贝母鳞茎与筛网的静摩擦因数分别为 $\mu_{m1} = 0.29$、$\mu_{m2} = 0.58$、$\mu_{m3} = 0.39$ 和 $\mu_{m4} = 0.47$。

2.5 平贝母筛分物滚动摩擦因数

2.5.1 测定方法

通过斜面滚动试验分别测定土壤颗粒和平贝母鳞茎与橡胶、筛网的滚动摩擦因数 μ_n。如图 2-9 所示,试验时,在倾斜角为 35° 的斜面板上,在固定斜面滚动高度 $H = 15$ mm 处,将物料以 0 m/s 的初速度释放,使其沿斜面向下滚动,物料滚落至水平面后静止,测量物料的水平滚动距离 L_x。分别对土壤颗粒和平贝母鳞茎进行 6 次重复试验。根据动能定理,滚动摩擦因数计算公式为:

$$H = \mu_n L_x \tag{2-5}$$

式中:H——斜面滚动高度,mm;

$\quad\quad\mu_n$——滚动摩擦因数;

$\quad\quad L_x$——水平滚动距离,mm。

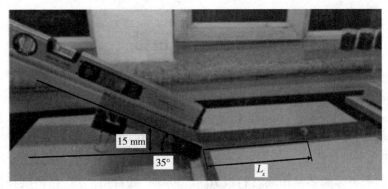

图 2 - 9　滚动摩擦因数测定

2.5.2　结果与分析

分别测得土壤颗粒与橡胶、土壤颗粒与筛网、平贝母鳞茎与橡胶、平贝母鳞茎与筛网的水平滚动距离,见表 2 - 6。

表 2 - 6　不同物料与材料板的水平滚动距离

序号	土壤颗粒与橡胶的水平滚动距离/mm	土壤颗粒与筛网的水平滚动距离/mm	平贝母鳞茎与橡胶的水平滚动距离/mm	平贝母鳞茎与筛网的水平滚动距离/mm
1	194	113	257	152
2	195	107	255	153
3	191	113	259	148
4	194	115	251	145
5	192	117	258	145
6	196	117	260	148

取平均值,得到水平滚动距离分别为 194 mm、114 mm、257 mm 和 149 mm,从而确定土壤颗粒与橡胶、土壤颗粒与筛网、平贝母鳞茎与橡胶、平贝母鳞茎与筛网间滚动摩擦因数分别为 $\mu_{n1} = 0.077$、$\mu_{n2} = 0.132$、$\mu_{n3} = 0.058$ 和 $\mu_{n4} = 0.101$。

2.6 平贝母筛分物碰撞恢复系数

2.6.1 测定方法

通过自由落体碰撞试验测定土壤颗粒与橡胶、土壤颗粒与筛网、平贝母鳞茎与橡胶、平贝母鳞茎与筛网的碰撞恢复系数。将材料板水平放置,分别使土壤颗粒和平贝母鳞茎从距离材料板 $H_1 = 150$ mm 处自由下落,物料碰到材料板(贴放有金属筛网、橡胶)进行反弹,通过高速摄像系统测定反弹最大高度 h_{max},如图 2-10 所示。重复上述操作 6 次,分别计算平均值。碰撞恢复系数 e 为回落点后两物体接触点的法向相对分离速度 v_s 与法向相对接近速度 v_c 的比值,可表示为物料与材料板碰撞反弹最大高度 h_{max} 与初始下落高度 H_1 比值的开方,其计算公式为:

$$e = \frac{v_s}{v_c} = \sqrt{\frac{h_{max}}{H_1}} \qquad (2-6)$$

式中:e——碰撞恢复系数;

$\quad v_s$——法向相对分离速度,m/s;

$\quad v_c$——法向相对接近速度,m/s;

$\quad h_{max}$——反弹最大高度,mm;

$\quad H_1$——初始下落高度,mm。

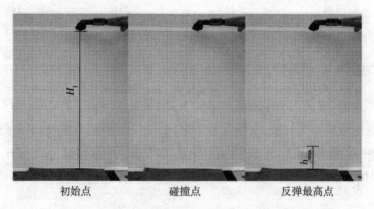

初始点　　　　　　碰撞点　　　　　　反弹最高点

图 2-10　高速摄像系统测定反弹最大高度

2.6.2　结果与分析

　　分别测得土壤颗粒与橡胶、土壤颗粒与筛网、平贝母鳞茎与橡胶、平贝母鳞茎与筛网的反弹最大高度,见表2-7。

表2-7　不同物料与材料板的反弹最大高度

序号	土壤颗粒与橡胶的反弹最大高度/mm	土壤颗粒与筛网的反弹最大高度/mm	平贝母鳞茎与橡胶的反弹最大高度/mm	平贝母鳞茎与筛网的反弹最大高度/mm
1	13.35	8.51	24.98	20.85
2	13.52	8.86	25.43	22.47
3	13.77	8.52	24.82	21.88
4	13.18	8.74	25.81	21.92
5	13.85	8.52	25.69	21.31
6	13.37	8.71	24.97	21.43

　　分别计算平均值(保留小数点后一位),得到反弹最大高度分别为 13.5 mm、8.6 mm、25.3 mm 和 21.6 mm,从而确定土壤颗粒与橡胶、土壤颗粒与筛网、平贝母鳞茎与橡胶、平贝母鳞茎与筛网的碰撞恢复系数分别为 $e_1 = 0.30$、$e_2 = 0.24$、$e_3 = 0.41$ 和 $e_4 = 0.38$。

2.7　本章小结

　　本章对平贝母鳞茎三轴尺寸、平贝母鳞茎粒重、土壤含水率以及平贝母筛分物静摩擦因数、滚动摩擦因数、碰撞恢复系数等基本物理特性参数进行了测定和分析,从而为后续的数值模拟和试验提供数据,得到以下结论。

　　①本章对大平头、小平头、大豆子、桃贝和米贝的三轴尺寸进行统计分析,得出不同类型平贝母的三轴尺寸均符合正态分布。为便于快速分选各类平贝母,根据5类平贝母三轴尺寸的正态分布密度函数计算相邻类型平贝母三轴尺寸交点,确定筛孔尺寸分别为 17 mm × 17 mm(大平头~小平头)、13 mm ×

13 mm(小平头~大豆子)、8 mm×8 mm(大豆子~桃贝)和5 mm×5 mm(桃贝~米贝)。

②本章随机选取50粒平贝母鳞茎,测得粒重平均值分别为5.60 g、2.33 g、0.95 g、0.48 g和0.13 g,标准差分别为1.10 g、0.20 g、0.11 g、0.08 g和0.03 g。

③本章通过试验分析了不同种植区、不同筛分方式和不同滚筒转速下土壤含水率对土壤团聚效果的影响。结果表明:26%是影响土壤团聚快慢的临界土壤含水率,土壤含水率小于26%时土壤团聚率随含水率的增大而缓慢增大,反之加速增大;滚筒筛分相对于摆动筛分更容易使土壤团聚;滚筒筛分时,筛上物占比随土壤含水率的增大而增大,随滚筒转速的增大而先减小后增大。

④本章通过斜面滑移试验、斜面滚动试验、自由落体碰撞试验对土壤颗粒与橡胶、土壤颗粒与筛网、平贝母鳞茎与橡胶、平贝母鳞茎与筛网的静摩擦因数、滚动摩擦因数和碰撞恢复系数进行了测定,得到静摩擦因数分别为0.29、0.58、0.39和0.47,滚动摩擦因数分别为0.077、0.132、0.058和0.101,碰撞恢复系数分别为0.30、0.24、0.41和0.38。

3 滚筒筛内平贝母筛分物运动规律研究

3.1　两段法平贝母收获机组成与工作原理

3.1.1　两段法平贝母收获机组成

　　两段法平贝母收获机由平贝母畦面表土剥离机和滚筒式平贝母筛分机两部分组成,用于实现对平贝母的机械化收获。平贝母畦面表土剥离机主要由螺旋装置、刮土板、侧板、松土钩、锥齿减速器、机架、直齿减速器和三点悬挂组成,如图3－1所示。螺旋装置位于前端,安装在机架的下面。刮土板位于螺旋装置后面靠近位置,并与机架连接。松土钩安装在侧板连接横梁上。机架通过三点悬挂与拖拉机相连。锥齿减速器一端通过链条与螺旋装置的直齿减速器连接,另一端通过传动轴与拖拉机动力输出轴相连。

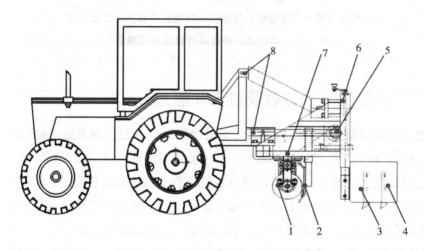

1—螺旋装置;2—刮土板;3—侧板;4—松土钩;

5—锥齿减速器;6—机架;7—直齿减速器;8—三点悬挂

图3－1　平贝母畦面表土剥离机结构原理图

　　滚筒式平贝母筛分机主要由升运装置、滚筒筛、机架、收集装置、液压马达、传动链和链轮、锥齿减速器、三点悬挂组成,如图3－2所示。机架的两侧设有机架横梁。升运装置安装于机架横梁的前部。滚筒筛安装于机架横梁的中间。

收集装置安装于机架横梁的尾端。锥齿减速器一端通过传动链和链轮与升运装置相连,另一端通过传动轴与拖拉机连接,实现升运装置的运动。液压马达通过联轴器与滚筒筛连接,实现滚筒旋转。

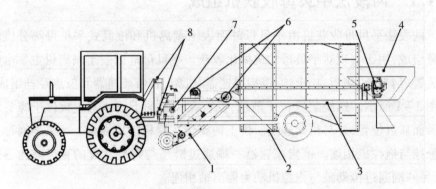

1—升运装置;2—滚筒筛;3—机架;4—收集装置;

5—液压马达;6—传动链和链轮;7—锥齿减速器;8—三点悬挂

图 3-2　滚筒式平贝母筛分机结构原理图

3.1.2　两段法平贝母收获机工作原理

平贝母畦面表土剥离机和滚筒式平贝母筛分机通过三点悬挂与拖拉机连接。工作前,根据平贝母种植深度和表层土覆盖厚度调节畦面表土剥离机刮土板的高度及松土钩的入土深度,以确保表层覆盖土彻底剥离和覆盖土下贝土层完全松散。工作时,拖拉机带动平贝母畦面表土剥离机前进。该机的螺旋机构(螺旋装置和刮土板)将平贝母鳞茎表层覆盖土剥离至作业道两侧,松土机构(松土钩和侧板)松散贝土层,而后自然晾晒松散贝土 3~5 h。拖拉机带动滚筒式平贝母筛分机行进,将晾晒后的贝土推送至升运装置上,升运装置的刮板将贝土升运至滚筒筛内,随着滚筒的旋转,土壤和平贝母鳞茎被筛分,筛上物由滚筒提升板送至收集装置内,并进行装袋。该两段法平贝母收获机的型号为4PB-130;作业幅宽为 130 cm;作业速度为 0.55~1.10 km/h;平贝母畦面表土剥离机配套机械动力在 25 kW 以上;滚筒式平贝母筛分机配套机械动力在 40 kW 以上。

3.2 滚筒筛结构与工作原理

滚筒筛是滚筒式平贝母筛分机的关键部件,主要由无倾角扬料板、水平支撑环、筛网、垂直支撑条、扬料板、内支撑杆、挡圈、中心轴组成,如图 3-3 所示。挡圈、水平支撑环、垂直支撑条、内支撑杆焊接在一起,形成滚筒的框架。筛网采用螺栓固定在滚筒框架上。筛网上设置扬料板,既有利于平贝母在滚筒筛内向后输送,又起到翻转平贝母的作用。滚筒筛末端焊接有等间距的无倾角扬料板。滚筒筛的中心轴通过联轴器与液压马达连接,实现滚筒转速的无级调节。运行时,平贝母筛分物通过升运装置进入滚筒筛。随着滚筒的转动,平贝母筛分物除了在滚筒内被筛分外,还通过滚筒内嵌扬料板被输送到滚筒筛末端提升处,然后被无倾角扬料板提升到装载平台进行物料收集,完成平贝母筛分。滚筒筛的滚筒直径为 1.3 m;工作长度为 1.8 m;滚筒筛内均布带倾角扬料板 3 排、无倾角扬料板 1 排;筛网尺寸为 8 mm×8 mm;滚筒转速为 5~25 r/min。

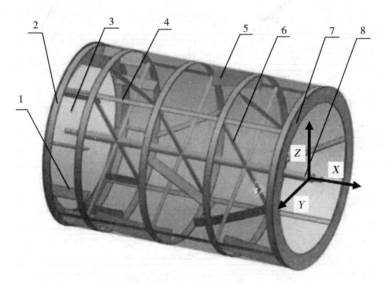

1—无倾角扬料板;2—水平支撑环;3—筛网;4—垂直支撑条;5—扬料板;

6—内支撑杆;7—挡圈;8—中心轴

图 3-3 滚筒筛的示意图

在不考虑中心轴的前提下,平贝母筛分物在滚筒筛内做三维空间运动,包括沿滚筒 X 轴方向运动和在 YZ 平面内运动。由于滚筒筛内平贝母筛分物的运动规律十分复杂,加之本章重点研究滚筒转速与筛分物最高抛落点对应回落点速度的关系,故本章忽略沿扬料板轴向运动(即沿滚筒 X 轴方向运动)对平贝母筛分物运动规律的影响。平贝母筛分物在 YZ 平面内的运动主要包括:沿扬料板滑动、斜下抛运动、随滚筒转动的圆周运动。图 3-4 显示了平贝母筛分物的运动路径 $A—O—B—A$。其中 A 点为沿扬料板滑动点;O 点为平贝母筛分物斜下抛运动抛落点;B 点为平贝母筛分物回落点。从 A 点到 O 点为平贝母筛分物沿扬料板滑动;从 O 点到 B 点为平贝母筛分物做斜下抛运动;从 B 点到 A 点为平贝母筛分物随滚筒转动做圆周运动。随着滚筒的转动,平贝母筛分物重复上述运动。

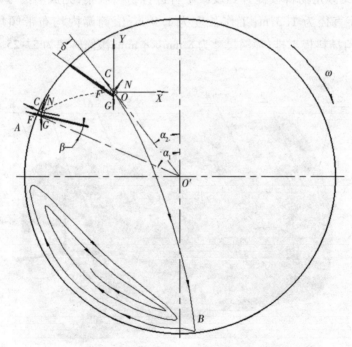

图 3-4　平贝母筛分物的运动和受力图

3.3 滚筒筛内平贝母筛分物运动学分析

3.3.1 平贝母筛分物抛落点速度

根据图 3-4,假设滚筒筛最外层平贝母筛分物运动到扬料板上的抛落点(点 O)为坐标原点,则圆周运动方程为:

$$[x - (R - L\cos\delta)\sin\omega t]^2 + [y + (R - L\cos\delta)\cos\omega t]^2 = R^2 \quad (3-1)$$

式中: R——滚筒筛半径,m;

L——扬料板宽度,m;

ω——角速度,r/s;

δ——通过点 O 径向线与扬料板夹角,(°);

t——扬料板上平贝母筛分物运动时间,s。

如图 3-4 所示,由余弦公式得到线段 OO' 长度的表达式为:

$$OO' = \sqrt{R^2 + L^2 - 2LR\cos\beta} \quad (3-2)$$

由正弦公式得到 $\sin\delta$ 的表达式为:

$$\sin\delta = \frac{R\sin\beta}{\sqrt{R^2 + L^2 - 2RL\cos\beta}} \quad (3-3)$$

由正弦与余弦的关系得到 $\cos\delta$ 的表达式为:

$$\cos\delta = \frac{R\cos\beta - L}{\sqrt{R^2 + L^2 - 2RL\cos\beta}} \quad (3-4)$$

如图 3-4 所示,平贝母筛分物开始做斜下抛运动时的受力平衡方程为:

$$\begin{cases} ma = G\cos(\alpha_2 + \beta) - C\cos\delta - F \\ G = mg \\ C = m\omega^2(R - L) \\ F = N\mu_n \end{cases} \quad (3-5)$$

式中: m——平贝母筛分物质量,kg;

a——平贝母筛分物加速度,m/s^2;

F——摩擦力,N;

μ_n——滚动摩擦因数;

g——重力加速度,9.8 m/s^2;

G——重力,N;

C——离心力,N;

N——支撑力,N;

β——扬料板与滚筒筛径向倾角,(°);

α_2——平贝母筛分物脱离扬料板前对应的分离角,(°)。

由平贝母鳞茎与橡胶的滚动摩擦因数可知,平贝母筛分物沿扬料板的滚动摩擦因数为0.070,将其近似为0,则式(3-5)可化简为:

$$ma \approx mg\cos(\alpha_2 + \beta) - m\omega^2(R - L)\cos\delta \qquad (3-6)$$

由于平贝母筛分物沿扬料板开始滚动时加速度为0,则根据式(3-6)可得:

$$\bar{a} \approx \frac{g\cos(\alpha_2 + \beta) - \omega^2(R - L)\cos\delta}{2} \qquad (3-7)$$

式中:$\bar{a}$——平贝母筛分物沿扬料板径向滚动的平均加速度,m/s^2。

由于平贝母筛分物沿扬料板径向滚动的初速度不为0,则有:

$$v_0 = \omega R\sin\beta \qquad (3-8)$$

由式(3-7)和式(3-8)可得:

$$v \approx v_0 + \bar{a}t = \omega R\sin\beta + \frac{[g\cos(\alpha_2 + \beta) - \omega^2(R - L)\cos\delta]L}{\omega R\sin\beta + v} \qquad (3-9)$$

式中:v——平贝母筛分物沿扬料板抛落时的速度,m/s;

t——平贝母筛分物沿扬料板径向滑动时间,s;

v_0——平贝母筛分物沿扬料板径向滑动初始速度,m/s。

由式(3-9)可得:

$$v \approx \sqrt{\omega^2 R^2 \sin^2\beta + [g\cos(\alpha_2 + \beta) - \omega^2(R - L)\cos\delta]L} \qquad (3-10)$$

由式(3-8)和式(3-10)可得:

$$\bar{v} \approx \frac{\omega R\sin\beta + \sqrt{\omega^2 R^2 \sin^2\beta + [g\cos(\alpha_2 + \beta) - \omega^2(R - L)\cos\delta]L}}{2}$$

$$\qquad (3-11)$$

$$v_r = \omega(R - L\cos\delta) \qquad (3-12)$$

式中:v_r——抛落点平贝母筛分物绕滚筒筛旋转线速度,m/s;

$\overline{v}$ ——抛落点平均速度,m/s。

根据式(3 − 8)、式(3 − 10)、式(3 − 12)和余弦定理,整理得:

$$v_1 \approx \sqrt{\begin{array}{l}\omega^2 R^2 \sin^2\beta + gL\cos(\alpha_2 + \beta) - \omega^2 L(R - L)\cos\delta + \omega^2(R - L\cos\delta)^2 + \\ 2\omega\cos\delta(R - L\cos\delta)\sqrt{\omega^2 R^2 \sin^2\beta + [g\cos(\alpha_2 + \beta) - \omega^2(R - L)\cos\delta]L}\end{array}}$$

$$(3 - 13)$$

式中:v_1—平贝母筛分物沿扬料板抛落时的合速度,m/s。

对式(3 − 13)取滚筒转速离散点为 5 r/min、10 r/min、15 r/min、21 r/min 和 25 r/min,并将其对应的抛落点速度进行拟合,拟合曲线如图 3 − 5 所示。当 $\beta = 10°$、$20°$、$30°$ 时,最大抛落速度与滚筒转速的线性回归方程分别为:$y = 0.8395 + 0.0367x$,决定系数 $R^2 = 0.9937$;$y = 0.7528 + 0.0442x$,决定系数 $R^2 = 0.9984$;$y = 0.7150 + 0.0502x$,决定系数 $R^2 = 0.9996$。

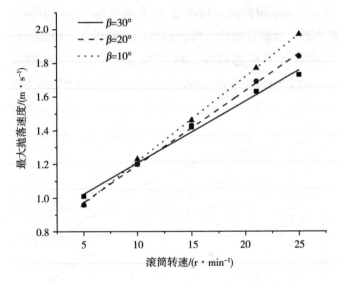

图 3 − 5　不同 β 值下最大抛落速度随滚筒转速变化曲线

3.3.2　平贝母筛分物滑动点位置

如图 3 − 4 所示,平贝母筛分物沿扬料板滑动点位置由滚筒筛半径和滑落角 α_1 决定。由于滚筒筛半径为定值,故滑动点位置取决于滑落角 α_1。

平贝母筛分物滑动点的力学平衡方程为：

$$\begin{cases} m\omega^2 R\cos\beta + F = mg\cos(\alpha_1 + \beta) \\ m\omega^2 R\sin\beta + N = mg\sin(\alpha_1 + \beta) \\ F = N\mu_m \\ \omega = \dfrac{n\pi}{30} \end{cases} \quad (3-14)$$

式中：α_1——平贝母筛分物在扬料板上滑动前对应的角，(°)；

μ_m——平贝母筛分物的静摩擦因数；

n——滚筒转速，r/min。

将式(3-14)重新整理，得到：

$$\cos\alpha_1 - \sin\alpha_1(\sin\beta + \mu_m\cos\beta)/(\cos\beta - \mu_m\sin\beta) = n^2 R/900 \quad (3-15)$$

对式(3-15)取滚筒转速离散点为 5 r/min、10 r/min、15 r/min、21 r/min 和 25 r/min，并将其对应的滑落角进行拟合，拟合曲线如图 3-6 所示。当 $\beta = 10°$、20°、30°时，滑落角与滚筒转速的线性回归方程分别为：$y = 49.6992 + 0.0936x - 0.0353x^2$，决定系数 $R^2 = 0.9999$；$y = 40.2234 + 0.0231x - 0.0279x^2$，决定系数 $R^2 = 0.9999$；$y = 30.2758 + 0.0107x - 0.0214x^2$，决定系数 $R^2 = 0.9999$。

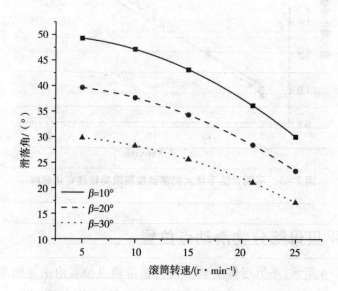

图 3-6　不同 β 值下滑落角随滚筒转速变化曲线

3.3.3 平贝母筛分物抛落点位置

如图 3 – 4 所示,平贝母筛分物沿扬料板抛落点位置由 OO' 长度和分离角 α_2 决定。由式(3 – 2)可知,在扬料板宽度、径向倾角和滚筒筛直径一定的条件下,OO' 长度为定值,抛落点位置由 OO' 与竖直线夹角 α_2 决定。根据滚筒筛转过角度与混合物从扬料板移动到做抛落运动的时间的关系,结合式(3 – 11)和式(3 – 15)可得:

$$\frac{360kL\omega}{\pi\left(\omega R\sin\beta + \sqrt{\omega^2 R^2 \sin^2\beta + gL\cos(\alpha_2 + \beta) - \omega^2(R - L)L\cos\delta}\right)} = \alpha_1 - \alpha_2$$

$$(3 - 16)$$

式中:k——分离角修正系数。

采用三次伯恩斯坦多项式进行拟合,得到:

$$\cos(\alpha_2 + \beta) = \frac{3}{\pi} + \frac{12}{\pi^2}(\sqrt{3} - 2)(\alpha_2 + \beta) + \frac{3}{\pi^3}(20 - 12\sqrt{3})(\alpha_2 + \beta)^2$$

$$(3 - 17)$$

式中:$\alpha_2 + \beta \in [0, \pi/2]$。

由式(3 – 15)、式(3 – 16)和式(3 – 17)可得以下计算公式,用于计算分离角 α_2。

$$\frac{360kL\omega}{\pi\left(\omega R\sin\beta + \sqrt{\begin{array}{c}\omega^2 R^2 \sin^2\beta + gL\left[\frac{3}{\pi} + \frac{12}{\pi^2}(\sqrt{3} - 2)(\alpha_2 + \beta) + \right. \\ \left. \frac{3}{\pi^3}(20 - 12\sqrt{3})(\alpha_2 + \beta)^2\right] - \frac{\omega^2 L(R - L)(R\cos\beta - L)}{\sqrt{R^2 + L^2 - 2RL\cos\beta}}\end{array}}\right)} = \alpha_1 - \alpha_2$$

$$(3 - 18)$$

由于分离角的理论表达式是通过多次近似方法得到的,因此需要对理论值与试验值的差异进行修正。图 3 – 7 为高速摄像机和滚筒筛试验台架的位置关系。滚筒筛由调速电机和减速器驱动,其结构参数:直径为 1.3 m,扬料板宽度为 0.1 m,$\beta = 10°$,平贝母筛分物与扬料板的静摩擦因数为 0.39。其尺寸与实际生产使用的滚筒筛尺寸一致。高速摄像机安装在三脚架上,并对准滚筒筛试验台架输入端。

图 3 - 7　高速摄像机和滚筒筛试验台架的位置关系

　　为了提高图像的亮度,使用额外的光源和彩色背景来照亮滚筒筛试验台架与平贝母筛分物。通过高速摄影获得滚筒转速分别为 5 r/min、10 r/min、15 r/min、21 r/min、25 r/min 时平贝母筛分物在滚筒筛内的抛落位置和运动路径,从扬料板最后抛落的平贝母筛分物所对应的角视为分离角,如图 3 - 8 所示。为了计算该角度,得到分离角图像帧,使用 Photoshop 图像处理软件,根据三角函数计算并确定分离角。

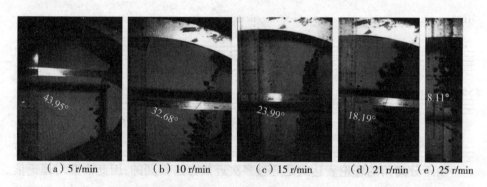

|（a）5 r/min|（b）10 r/min|（c）15 r/min|（d）21 r/min|（e）25 r/min|

图 3 - 8　高速摄影下滚筒转速为 5 r/min、10 r/min、15 r/min、21 r/min、25 r/min 时
平贝母筛分物的分离角

　　为了修正近似过程中理论值与实际值的差异,对式(3 - 18)取滚筒转速离散点为 5 r/min、10 r/min、15 r/min、21 r/min 和 25 r/min,k 取 1.5、1.6 和 1.7,并将其对应的分离角值连线,得到图 3 - 9 中的 3 条理论分离角曲线;用高速摄像机测定滚筒转速为 5 r/min、10 r/min、15 r/min、21 r/min 和 25 r/min 时的分离角,并将其值连线,得到图 3 - 9 中的实际分离角曲线。为分析理论曲线与实际曲线的差异,分别计算 k 为 1.5、1.6、1.7 时拟合曲线和实际分离角曲线的积分面积,计算实际曲线与理论曲线面积差值,最小差值对应的修正系数即为选定的修正系数。运用 Origin 2021 软件中的积分函数计算 k 为 1.5、1.6、1.7 时的拟合曲线积分面积和实际分离角曲线积分面积分别为 528.98、506.89、484.73、512.39。k 为 1.5、1.6、1.7 时的拟合曲线积分面积与实际分离角曲线积分面积差值的绝对值分别为 16.59、5.50、27.66,故选定的修正系数 k 为 1.6。

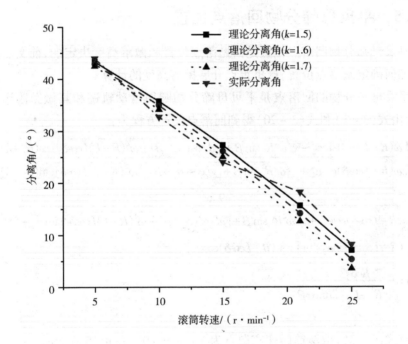

图 3 - 9　不同 k 值下分离角和实际分离角随滚筒转速变化曲线

3.3.4　平贝母筛分物抛落运动轨迹方程

平贝母筛分物抛落运动轨迹满足:

$$\begin{cases} x = (v_1\cos\alpha_2)t \\ y = -(v_1\sin\alpha_2)t - 0.5gt^2 \end{cases} \tag{3-19}$$

由式(3-4)、式(3-13)和式(3-19)得到抛落运动轨迹方程为：

$$
\begin{cases}
y = \left[\dfrac{\omega(R-L\cos\delta)\sin\alpha_2 - \sqrt{\omega^2R^2\sin^2\beta + [gL\cos(\alpha_2+\beta) - \omega^2(R-L)L\cos\delta]}\cos(\alpha_2+\delta)}{\omega(R-L\cos\delta)\cos\alpha_2 + \sqrt{\omega^2R^2\sin^2\beta + [gL\cos(\alpha_2+\beta) - \omega^2(R-L)L\cos\delta]}\sin(\alpha_2+\delta)} \right]x - \\[2ex]
\qquad \dfrac{9.8x^2}{2\left[\omega(R-L\cos\delta)\cos\alpha_2 + \sqrt{\omega^2R^2\sin^2\beta + [gL\cos(\alpha_2+\beta) - \omega^2(R-L)L\cos\delta]}\sin(\alpha_2+\delta)\right]^2} \\[2ex]
\cos\delta = \dfrac{R\cos\beta - L}{\sqrt{R^2+L^2-2RL\cos\beta}}
\end{cases}
$$

$$(3-20)$$

3.3.5　平贝母筛分物回落点位置

平贝母筛分物回落点位置是由抛落点位置和抛落高度决定的,前文已经分析了如何确定抛落点位置,这里重点开展抛落高度的计算。

平贝母筛分物的回落点是平贝母筛分物圆周运动轨迹和其做抛落运动的交点,由式(3-1)和式(3-20)得到回落点位置方程为：

$$
\begin{cases}
y = \left[\dfrac{\omega(R-L\cos\delta)\sin\alpha_2 - \sqrt{\omega^2R^2\sin^2\beta + [gL\cos(\alpha_2+\beta) - \omega^2(R-L)L\cos\delta]}\cos(\alpha_2+\delta)}{\omega(R-L\cos\delta)\cos\alpha_2 + \sqrt{\omega^2R^2\sin^2\beta + [gL\cos(\alpha_2+\beta) - \omega^2(R-L)L\cos\delta]}\sin(\alpha_2+\delta)} \right]x - \\[2ex]
\qquad \dfrac{9.8x^2}{2\left[\omega(R-L\cos\delta)\cos\alpha_2 + \sqrt{\omega^2R^2\sin^2\beta + [gL\cos(\alpha_2+\beta) - \omega^2(R-L)L\cos\delta]}\sin(\alpha_2+\delta)\right]^2} \\[2ex]
[x-(R-L\cos\delta)\sin\alpha_2]^2 + [y+(R-L\cos\delta)\cos\alpha_2]^2 = R^2 \\[2ex]
\cos\delta = \dfrac{R\cos\beta - L}{\sqrt{R^2+L^2-2RL\cos\beta}}
\end{cases}
$$

$$(3-21)$$

对式(3-21)取滚筒转速离散点为 5 r/min、10 r/min、15 r/min、21 r/min 和 25 r/min,并将其对应的抛落高度进行拟合,拟合曲线如图 3-10 所示。当 $\beta=10°$、$20°$、$30°$时,抛落高度与滚筒转速的非线性回归方程分别为：$y=1.0227+0.0236x-0.0013x^2$,决定系数 $R^2=0.9970$；$y=1.0988+0.0124x-0.0010x^2$,决定系数 $R^2=0.9975$；$y=1.1986-0.0014x-0.0006x^2$,决定系数 $R^2=0.9984$。二次回归方程存在最大值,当 $\beta=10°$、$20°$、$30°$时,抛落高度的最大值分别为 1.13 m、1.12 m 和 1.20 m。

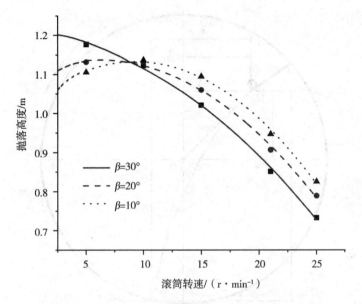

图 3 – 10　不同 β 值下抛落高度随滚筒速度变化曲线

3.3.6　平贝母筛分物回落点速度

如图 3 – 11 所示,平贝母筛分物回落点速度 v_p 可分解为两部分:一部分沿法线(通过碰撞接触点与接触面垂直的直线)撞击滚筒筛网,用 v_n 表示;另一部分垂直于碰撞线,使混合物沿切线方向运动,用 v_t 表示。

设回落点速度 v_p 的水平分速度为 v_x。由于平贝母筛分物离开扬料板做抛落运动,故水平分速度为常数,其表达式为:

$$\begin{cases} v_x = \omega(R - L\cos\delta)\cos\alpha_2 + \sqrt{\omega^2 R^2 \sin^2\beta + gL\cos(\alpha_2 + \beta) - \omega^2(R - L)L\cos\delta}\sin(\alpha_2 + \delta) \\ \cos\delta = \dfrac{(R\cos\beta - L)}{\sqrt{R^2 + L^2 - 2RL\cos\beta}} \end{cases}$$

$$(3 - 22)$$

式中:v_x——回落点的水平速度,m/s。

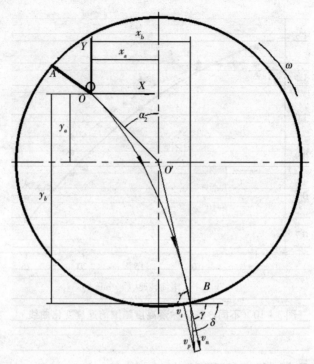

图 3 – 11　平贝母筛分物回落点速度及其在抛物线路径末端的分量

根据动能定理,平贝母筛分物从抛落点到回落点所做的功等于其动能变化量,即

$$mgh = \frac{1}{2}mv_p^2 - \frac{1}{2}mv_1^2 \qquad (3-23)$$

式中:h——由式(3 – 21)计算出的抛落高度,m。

因此,平贝母筛分物回落点速度为:

$$v_p = \sqrt{2gh + v_1^2} \qquad (3-24)$$

v_p 与其水平速度 v_x 的夹角为:

$$\delta_1 = \arctan\left(\frac{v_x}{v_p}\right) \qquad (3-25)$$

式中:δ_1——v_p 与其水平速度 v_x 的夹角,(°)。

由式(3 – 22)、式(3 – 24)和式(3 – 25)可得:

$$\delta_1 = \arctan$$

$$\left[\frac{\omega(R - L\cos\delta)\cos\alpha_2 + \sqrt{\omega^2 R^2 \sin^2\beta + gL\cos(\alpha_2 + \beta) - \omega^2(R - L)L\cos\delta\sin(\alpha_2 + \delta)}}{v_p}\right]$$

$$(3 - 26)$$

如图 3 - 11 所示,碰撞接触点的径向线与水平线夹角 γ 的计算公式为:

$$\begin{cases} \gamma = \arctan \dfrac{y_b - y_a}{x_b - x_a} \\ x_a = (R - L\cos\delta)\sin\alpha_2 \\ y_a = (R - L\cos\delta)\cos\alpha_2 \end{cases}$$

$$(3 - 27)$$

式中: γ ——v_n 与其水平速度的夹角,(°);

x_a, y_a ——点 A 的 X 轴坐标和 Y 轴坐标;

x_b, y_b ——点 A 与 B 之间距离向量的 X 轴分量和 Y 轴分量。

v_p 与 v_n 的夹角由式(3 - 26)和式(3 - 27)计算而得:

$$|\gamma - \delta_1| =$$

$$\left| \frac{\arctan \dfrac{y_b - (R - L\cos\delta)\cos\alpha_2}{x_b - (R - L\cos\delta)\sin\alpha_2} - \arctan}{\dfrac{\omega(R - L\cos\delta)\cos\alpha_2 + \sqrt{\omega^2 R^2 \sin^2\beta + gL\cos(\alpha_2 + \beta) - \omega^2(R - L)L\cos\delta\sin(\alpha_2 + \delta)}}{v_p}} \right|$$

$$(3 - 28)$$

$$v_n = v_p \cos$$

$$\left| \frac{\arctan \dfrac{y_b - (R - L\cos\delta)\cos\alpha_2}{x_b - (R - L\cos\delta)\sin\alpha_2} - \arctan}{\dfrac{\omega(R - L\cos\delta)\cos\alpha_2 + \sqrt{\omega^2 R^2 \sin^2\beta + gL\cos(\alpha_2 + \beta) - \omega^2(R - L)L\cos\delta\sin(\alpha_2 + \delta)}}{v_p}} \right|$$

$$(3 - 29)$$

$$v_t = v_p \sin$$

$$\left| \frac{\arctan \dfrac{y_b - (R - L\cos\delta)\cos\alpha_2}{x_b - (R - L\cos\delta)\sin\alpha_2} - \arctan}{\dfrac{\omega(R - L\cos\delta)\cos\alpha_2 + \sqrt{\omega^2 R^2 \sin^2\beta + gL\cos(\alpha_2 + \beta) - \omega^2(R - L)L\cos\delta\sin(\alpha_2 + \delta)}}{v_p}} \right|$$

$$(3 - 30)$$

对式(3-24)取滚筒转速离散点为 5 r/min、10 r/min、15 r/min、21 r/min 和 25 r/min,将对应的回落点速度进行拟合,拟合曲线如图 3-12 所示。当 $\beta = 10°、20°、30°$ 时,回落点速度与滚筒转速的回归方程分别为:$y = 4.5308 + 0.0607x - 0.0027x^2, R^2 = 0.9980$;$y = 4.6793 + 0.0369x - 0.0020x^2, R^2 = 0.9968$;$y = 4.8870 + 0.0075x - 0.0013x^2, R^2 = 0.9970$。回归方程存在最大值,当滚筒转速分别为 11.56 r/min、9.27 r/min 和 2.20 r/min 时,回落点速度最大值分别为 4.87 m/s、4.86 m/s 和 4.91 m/s,由动能定理转换为抛落高度为 1.21 m、1.20 m 和 1.23 m。

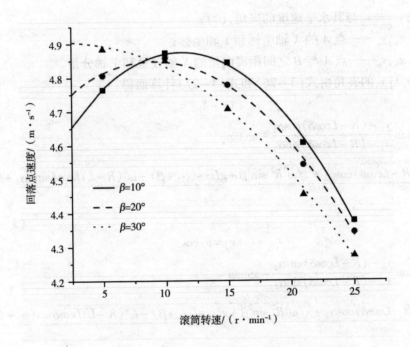

图 3-12 不同 β 值下回落点速度随滚筒转速变化曲线

对式(3-29)取滚筒转速离散点为 5 r/min、10 r/min、15 r/min、21 r/min 和 25 r/min,将对应的回落点法向速度进行拟合,拟合曲线如图 3-13 所示。当 $\beta = 10°、20°、30°$ 时,回落点法向速度与滚筒转速的回归方程分别为:$y = 4.3363 + 0.1199x - 0.0069x^2$,决定系数 $R^2 = 0.9954$;$y = 4.6428 + 0.0604x - 0.0052x^2$,决定系数 $R^2 = 0.9948$;$y = 4.8990 + 0.0125x - 0.0039x^2$,决定系数 $R^2 = 0.9884$。

回归方程存在最大值,当滚筒转速分别为 8.60 r/min、4.49 r/min 和接近 0 r/min 时,回落点法向速度最大值分别为 4.82 m/s、4.83 m/s 和 4.89 m/s。

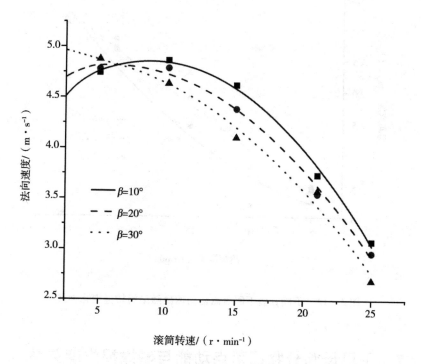

图 3 – 13　不同 β 值下回落点法向速度随滚筒转速变化曲线

对式(3 – 30)取滚筒转速离散点为 5 r/min、10 r/min、15 r/min、21 r/min 和 25 r/min,将对应的回落点切向速度进行拟合,拟合曲线如图 3 – 14 所示。当 $\beta = 10°$、20°、30°时,回落点切向速度与滚筒转速的回归方程分别为:$y = 0.0191 + 0.0149x + 0.0047x^2$,决定系数 $R^2 = 0.9433$;$y = -0.3297 + 0.1362x + 0.0003x^2$,决定系数 $R^2 = 0.9863$;$y = -0.9946 + 0.2790x - 0.0045x^2$,决定系数 $R^2 = 0.9833$。由图 3 – 14 可以看出,回落点切向速度随滚筒转速的增大而快速增大。

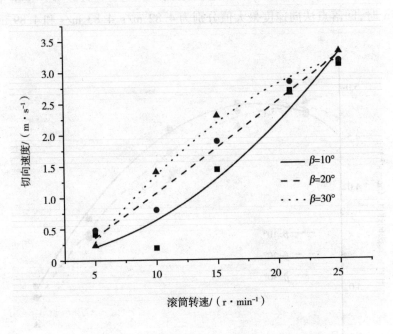

图 3 - 14　不同 β 值下回落点切向速度随滚筒转速变化曲线

3.3.7　平贝母筛分物回落点动能与碰撞损失能关系

由动能定理和式(3－24)可得回落点动能计算公式为:

$$E_I = \frac{1}{2}mv_p^2 \tag{3-31}$$

式中: E_I——回落点动能,J。

由动量定理和动能定理推导出回落点动能 E_I 与碰撞损失能 E_A 的关系方程组为:

$$\begin{cases} I = mv_2 - mv_p \\ E_A = E_I - \frac{1}{2}mv_2^2 \end{cases} \tag{3-32}$$

式中: I——冲量,N·s;

E_A——碰撞损失能,J;

v_2——碰撞后的速度,m/s。

由式(3-32)可推导出：

$$\sqrt{2mE_I} - \sqrt{2m(E_I - E_A)} = I \qquad (3-33)$$

已知碰撞恢复系数计算公式为：

$$e = \frac{v_2}{v_p} \qquad (3-34)$$

式(3-31)、式(3-33)和式(3-34)联立可得回落点动能与碰撞损失能的关系式为：

$$E_I(1 - e^2) = E_A \qquad (3-35)$$

由式(3-35)可知,同一平贝母在碰撞材料相同的条件下,回落点动能与碰撞损失能呈线性关系。

3.4　本章小结

本章基于两段法平贝母收获机核心部件——滚筒筛,理论分析了滚筒筛内平贝母筛分物的运动学规律,得到以下结论。

①本章创建了平贝母筛分物滑动点位置、抛落点位置、抛落轨迹方程和回落点位置模型;运用模型离散化、离散点多项式拟合和高速摄影等方法修正并分析了平贝母筛分物的轨迹变化规律。结果表明:滑落角随滚筒转速的增大而减小(两者呈二次函数关系),随径向倾角的增大而减小;分离角随滚筒转速的增大而减小;抛落高度随滚筒转速的增大而先增大后减小(两者呈二次函数关系),随径向倾角的增大而减小。

②本章建立了平贝母筛分物抛落点、回落点速度模型,运用模型离散化和离散点多项式拟合等方法分析了平贝母筛分物的速度变化规律。结果表明:抛落点速度随滚筒转速的增大而增大,两者呈线性关系;回落点速度、法向速度与滚筒转速呈二次多项式拟合关系,径向倾角为30°时,回落点速度、法向速度最大值分别为4.91 m/s和4.89 m/s;回落点切向速度随滚筒转速的增大而增大(两者呈二次函数关系),随扬料板径向倾角的增大而增大。

③本章建立了平贝母回落点动能与碰撞损失能的数学模型,分析了碰撞损失能随回落点动能变化的规律。结果表明:碰撞损失能与回落点动能成正比,其比值为$1 - e^2$。

4 滚筒筛内平贝母筛分物碰撞能量损失数值模拟

离散元法已被广泛应用于滚筒筛分数值模拟。采用离散元法对滚筒筛内平贝母筛分物运动碰撞进行数值模拟可以观察到平贝母筛分物的碰撞规律,为平贝母筛分物碰撞研究提供极大的便利。滚筒筛运行时,内部主要有平贝母(鳞茎)–平贝母、平贝母–土壤(颗粒)、土壤–土壤、平贝母–筛网、土壤–筛网 5 种碰撞形式,其中土壤–土壤、土壤–筛网碰撞不会对平贝母产生损伤。离散元法模拟中常采用最大碰撞能量、动能和碰撞损失能这 3 个参数描述碰撞规律,本章主要通过碰撞损失能描述碰撞规律。

4.1 仿真模型的建立

4.1.1 滚筒筛三维模型建立

为实现滚筒筛数值模拟,采用 Unigraphics 软件建立滚筒筛三维模型,保存至 IGS 格式导入 EDEM,其外形尺寸为 $\Phi 1300 \text{ mm} \times 600 \text{ mm}$,如图 4 – 1 所示。

图 4 – 1 滚筒筛三维模型

4.1.2 土壤和平贝母模型参数建立

为表达不同粒径的土壤颗粒,仿真中创建单球形、双球形、三球形及四球形 4 种类型、5 种大小和形状不一的土壤颗粒几何模型,如图 4 – 2 所示,其参数见表 4 – 1。

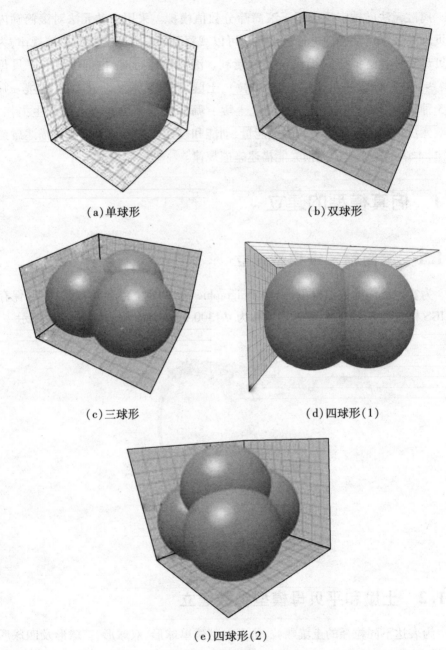

(a)单球形   (b)双球形

(c)三球形   (d)四球形(1)

(e)四球形(2)

图4-2 土壤颗粒几何模型

表 4 - 1   土壤颗粒几何模型参数

土壤颗粒几何模型		半径/mm	坐标值		
			x	y	z
单球形	颗粒 1	12.00	0	0	0
双球形	颗粒 1	2.00	- 1.00	0	0
	颗粒 2	2.00	1.00	0	0
三球形	颗粒 1	5.60	3.78	- 2.16	0
	颗粒 2	5.60	- 3.78	- 2.16	0
	颗粒 3	5.60	0	4.32	0
四球形(1)	颗粒 1	3.00	- 2.00	- 0.50	0
	颗粒 2	3.00	2.00	- 0.50	0
	颗粒 3	3.00	- 2.00	0.50	0
	颗粒 4	3.00	2.00	0.50	0
四球形(2)	颗粒 1	4.00	- 2.50	- 1.50	0
	颗粒 2	4.00	2.50	- 1.50	0
	颗粒 3	4.00	0.50	3.00	0
	颗粒 4	4.00	0	0	- 3.00

仿真中平贝母占总颗粒的 10%。平贝母按其大小分为大平头、小平头、大豆子、桃贝和米贝,按其形状分为扁球形、球形和长球形。平贝母颗粒几何模型如图 4 - 3 所示,其中大平头[扁球形(1)]、小平头[扁球形(2)]为扁球形;大豆子[球形(1)]、米贝[球形(2)]为球形;桃贝为长球形。其参数见表 4 - 2。

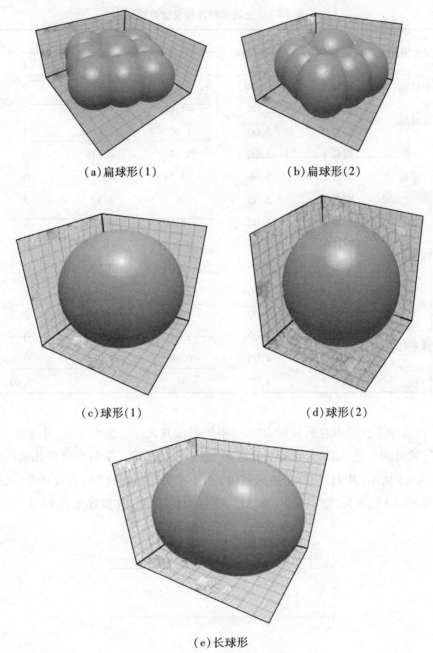

(a)扁球形(1)　　　　　　　　　(b)扁球形(2)

(c)球形(1)　　　　　　　　　(d)球形(2)

(e)长球形

图4-3　平贝母颗粒几何模型

表 4 - 2　平贝母几何模型参数

平贝母颗粒几何模型		半径/mm	接触半径/mm	坐标值		
				x	y	z
扁球形(1)	颗粒1	5.00	5.00	-7.00	-3.00	0
	颗粒2	5.00	5.00	2.50	-7.00	0
	颗粒3	5.00	5.00	-2.50	7.00	0
	颗粒4	5.00	5.00	7.00	2.50	0
	颗粒5	5.00	5.00	2.50	5.00	0
	颗粒6	5.00	5.00	-2.50	-5.00	0
	颗粒7	5.00	5.00	5.00	-2.50	0
	颗粒8	5.00	5.00	-5.00	2.50	0
	颗粒9	6.00	6.00	0	0	0
扁球形(2)	颗粒1	3.50	3.50	-4.90	-2.10	3.50
	颗粒2	3.50	3.50	1.75	-4.90	3.50
	颗粒3	3.50	3.50	-1.75	4.90	3.50
	颗粒4	3.50	3.50	4.90	1.75	3.50
	颗粒5	3.50	3.50	1.75	3.50	3.50
	颗粒6	3.50	3.50	-1.75	-3.50	3.50
	颗粒7	3.50	3.50	3.50	-1.75	3.50
	颗粒8	3.50	3.50	-3.50	1.75	3.50
	颗粒9	4.20	4.20	0	0	4.20
球形(1)	颗粒1	6.00	6.00	0	0	0
球形(2)	颗粒1	1.80	1.80	0	0	0
长球形	颗粒1	6.00	6.00	-1.50	0	0
	颗粒2	6.00	6.00	1.50	0	0

4.1.3　其他 EDEM 仿真模型参数的确定

其他 EDEM 仿真模型参数见表 4 - 3,其中剪切模量和泊松比参照参考文献[20]。

表4-3 EDEM 仿真模型参数

对象	参数	数值
土壤	泊松比	0.30
	密度/$(kg \cdot m^{-3})$	2600
	剪切模量/P_a	5×10^7
平贝母	泊松比	0.35
	密度/$(kg \cdot m^{-3})$	1104
	剪切模量/P_a	1.3×10^7
筛网	泊松比	0.30
	密度/$(kg \cdot m^{-3})$	7865
	剪切模量/P_a	7.9×10^{10}
橡胶	泊松比	0.47
	密度/$(kg \cdot m^{-3})$	1500
	剪切模量/P_a	2.69×10^6

4.1.4 接触模型的选用及参数的确定

考虑实际田间作业时土壤与滚筒筛间存在黏结关系,通过查阅相关文献,平贝母筛分物间的接触模型选用 Hertz – Mindlin with bonding 黏结模型,平贝母筛分物与筛网、橡胶的接触模型选用 Hertz – Mindlin 模型。黏结模型参数包括法向模量、切向模量、法向临界应力、切向临界应力和黏结半径等,从而可得出本章研究所需的碰撞恢复系数、静摩擦因数、滚动摩擦因数等参数,见表4-4。

表4-4 黏结模型参数

接触对象	参数	数值
平贝母筛分物间	碰撞恢复系数	0.68
	静摩擦因数	1.04
	滚动摩擦因数	0.18

续表

接触对象	参数	数值
土壤与筛网	碰撞恢复系数	0.24
	静摩擦因数	0.58
	滚动摩擦因数	0.07
平贝母与筛网	碰撞恢复系数	0.38
	静摩擦因数	0.47
	滚动摩擦因数	0.10
土壤与橡胶	碰撞恢复系数	0.30
	静摩擦因数	0.29
	滚动摩擦因数	0.08
平贝母与橡胶	碰撞恢复系数	0.41
	静摩擦因数	0.39
	滚动摩擦因数	0.07

4.2　平贝母筛分物碰撞能量损失影响因素的数值模拟

4.2.1　不同滚筒转速下平贝母筛分物碰撞能量损失数值模拟

（1）滚筒筛内平贝母筛分物运动状态分析

为研究平贝母筛分物在滚筒筛中的运动规律和能量变化,设定滚筒筛扬料板径向倾角为0°、轴向倾角为15°。图4-4显示了不同滚筒转速下仿真时间为15 s时滚筒筛内平贝母筛分物运动状态模拟结果。由图4-4(a)、(b)可知,在滚筒转速为5 r/min和10 r/min时,平贝母筛分物开始从滚筒筛底部移动至扬料板上,由于重力作用,大部分平贝母筛分物又泻落至底部,仅有少数平贝母筛分物做抛落运动碰撞到滚筒筛下部的平贝母混合区。由图4-4(c)、(d)可知,当滚筒转速增至15 r/min和20 r/min时,做抛落运动的平贝母筛分物明显增多,而且扬料板最外层平贝母筛分物的最大脱离点也升高,平贝母运动速度有所增大。这表明当滚筒转速增大时,平均碰撞损失能增大,易造成平贝母损伤甚至破碎。由图4-4(e)可知,当转速增至25 r/min时,滚筒筛内几乎都是高能量运动平贝母筛分物,同时一部分平贝母筛分物不能抛落到滚筒筛下部的平贝母混合区,而是直接与裸露的筛网碰撞,造成平贝母严重损伤。随着滚筒转速的提高,虽然平贝母损伤增加,但筛分物分散区域增大,空白区域减小,这有利于平贝母筛分。

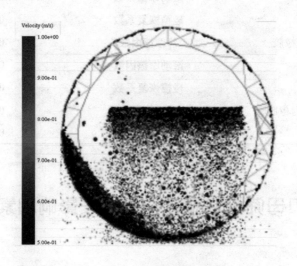

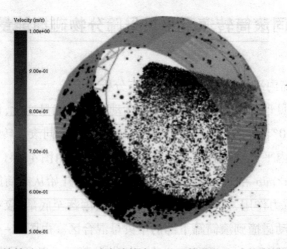

(a)滚筒转速为5 r/min时滚筒筛内平贝母筛分物运动状态模拟图

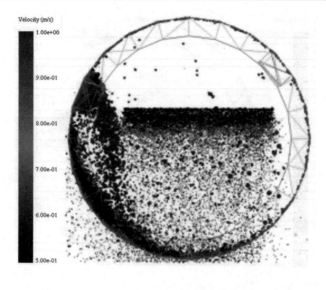

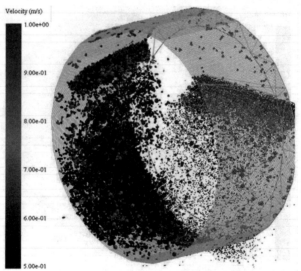

（b）滚筒转速为 10 r/min 时滚筒筛内平贝母筛分物运动状态模拟图

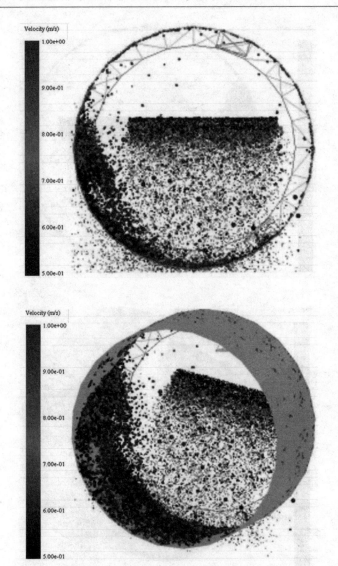

（c）滚筒转速为 15 r/min 时滚筒筛内平贝母筛分物运动状态模拟图

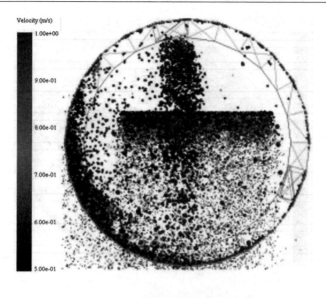

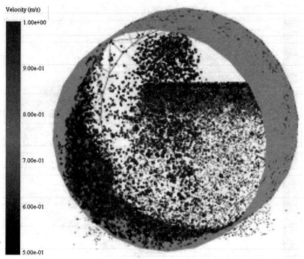

(d) 滚筒转速为 20 r/min 时滚筒筛内平贝母筛分物运动状态模拟图

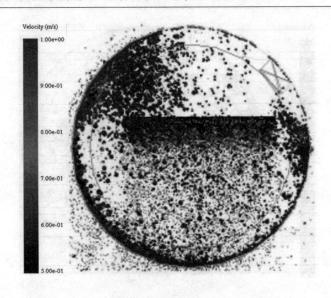

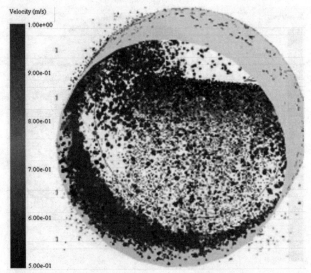

(e)滚筒转速为 25 r/min 时滚筒筛内平贝母筛分物运动状态模拟图

图 4-4 平贝母筛分物运动状态随滚筒转速变化模拟图

注:5.00e-01 代表 5.00×10^{-1}。

(2)平贝母筛分物平均碰撞损失能与滚筒转速回归模型建立

在 EDEM 中对平贝母筛分物进行后处理,得到平均碰撞损失能随滚筒转速变化的关系,变化曲线如图 4-5 所示。两者的线性回归方程为 $y = 0.0126 +$

$0.007x$，决定系数 $R^2 = 0.9441$。在滚筒转速范围内，平贝母筛分物平均碰撞损失能随滚筒转速的增大而增大，这与图 4-4 显示的平贝母筛分物运动状态随滚筒转速变化的规律一致。

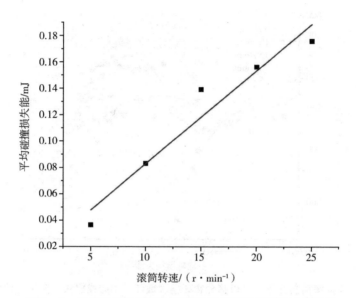

图 4-5　平贝母筛分物平均碰撞损失能随滚筒转速变化曲线

（3）平贝母筛分物平均碰撞损失能与碰撞次数回归模型建立

滚筒旋转是造成平贝母筛分物碰撞损失能与碰撞次数变化的主要因素。为进一步研究两者的关系，对碰撞次数进行拟合，得到滚筒转速分别为 5 r/min、10 r/min、15 r/min、20 r/min、25 r/min 时，碰撞次数与平均碰撞损失能的回归方程为：$y = -12.0855 - 5.4697x - 0.4991x^2$，决定系数 $R^2 = 0.8659$；$y = -8.4401 - 5.5398x - 0.6665x^2$，决定系数 $R^2 = 0.6698$；$y = -6.0053 - 4.2020x - 0.4807x^2$，决定系数 $R^2 = 0.8852$；$y = -0.8699 - 1.7009x - 0.1897x^2$，决定系数 $R^2 = 0.5362$；$y = -0.5761 - 1.6584x - 0.1967x^2$，决定系数 $R^2 = 0.4928$。图 4-6 为不同滚筒转速下平贝母筛分物碰撞次数随平均碰撞损失能变化对数坐标图。由图 4-6 可以看出：滚筒转速为 5 r/min 时，滚筒筛内平贝母筛分物发生的碰撞次数较多，但多为低能量碰撞；滚筒转速由 5 r/min 增大到 15 r/min 时，平贝母筛分物间的碰撞次数和平均碰撞损失能逐渐增加；滚筒转速由 15 r/min 继续增大到 25 r/min 时,平贝母筛分物间的碰撞次数逐渐减少,但平均碰撞损失能并没有减少。因此,随着滚筒转速的提高,平贝母筛分物的平均碰撞损失能先增加后不变,碰撞次数则是先增加后减少。

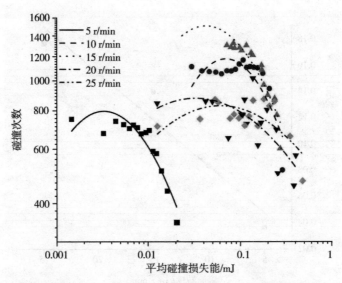

图 4-6 不同滚筒转速下平贝母筛分物碰撞次数随平均碰撞损失能变化对数坐标图

(4)平贝母法向、切向平均碰撞损失能随滚筒转速变化规律

图 4-7 为平贝母法向、切向平均碰撞损失能随滚筒转速变化曲线。由图 4-7 可知:平贝母法向平均碰撞损失能随滚筒转速的增大而先增大后减小,滚筒转速为 20 r/min 时,法向平均碰撞损失能最大;平贝母切向平均碰撞损失能随滚筒转速的增大而先减小后增大,滚筒转速为 10 r/min 时切向平均碰撞损失能最小。

(5)不同滚筒转速下平贝母平均碰撞损失能分布

由图 4-8 可知:平贝母与筛网的平均碰撞损失能占比最大,平贝母与土壤的平均碰撞损失能占比次之,平贝母间的平均碰撞损失能占比最小;平贝母与筛网的平均碰撞损失能随滚筒转速的增大而先增大后减小,平贝母与土壤、平贝母间的平均碰撞损失能随滚筒转速的增大而缓慢增大;滚筒转速为 20 r/min 时,平贝母平均碰撞损失能最大。

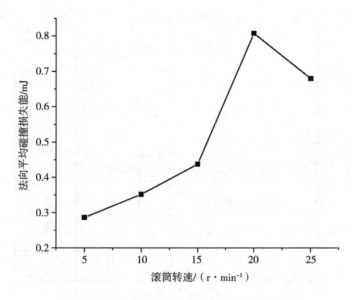

（a）法向平均碰撞损失能随滚筒转速变化曲线

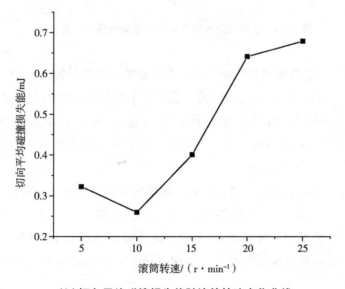

（b）切向平均碰撞损失能随滚筒转速变化曲线

图4－7　平贝母法向、切向平均碰撞损失能随滚筒转速变化曲线

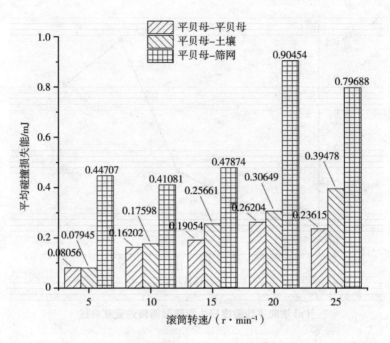

图 4 - 8 不同滚筒转速下平贝母平均碰撞损失能分布

（6）平贝母平均碰撞损失能与回落点动能关系对比分析

如图 4 - 9（a）所示，平贝母回落点速度的平方（反映动能）随滚筒转速的增大而先增大后减小，两者的非线性拟合方程为：$y = 16.6263 + 0.7267x - 0.0203x^2$，决定系数 $R^2 = 0.9862$。回落点速度平方的最大值为 23.13 m^2/s^2，对应的滚筒转速为 17.9 r/min。

平贝母与筛网的平均碰撞损失能随滚筒转速的增大亦先增大后减小，滚筒转速为 20 r/min 时，平贝母与筛网的平均碰撞损失能最大。与理论分析最大回落点动能对应的滚筒转速相比，两者对应的滚筒转速相差 14.76%。存在差异可能与仿真接触模型的选择有关。回落点动能和平均碰撞损失能的变化规律基本相同。

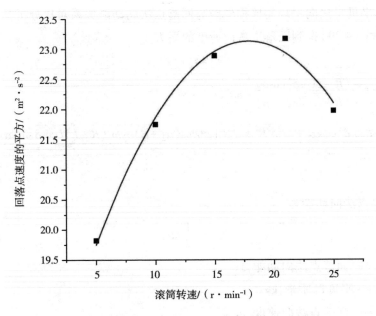

(a) 平贝母回落点速度的平方随滚筒转速变化曲线

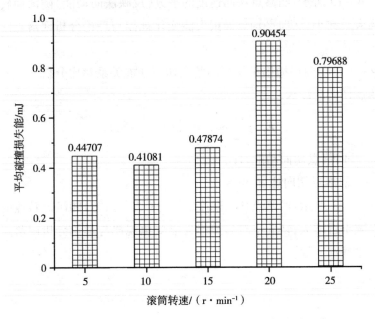

(b) 不同滚筒转速下平贝母与筛网平均碰撞损失能分布

图 4-9 平贝母回落点动能与碰撞损失能变化规律对比

(7)平贝母法向平均碰撞损失能与回落点法向动能关系对比分析

由式(3-29)得到回落点法向速度的平方为:

$$v_n^2 = v_p^2 \cos^2$$

$$\left| \frac{\arctan \dfrac{y_b - (R - L\cos\delta)\cos\alpha_2}{x_b - (R - L\cos\delta)\sin\alpha_2} - \arctan}{\dfrac{\omega(R - L\cos\delta)\cos\alpha_2 + \sqrt{\omega^2 R^2 \sin^2\beta + gL\cos(\alpha_2 + \beta) - \omega^2(R - L)L\cos\delta\sin(\alpha_2 + \delta)}}{v_p}} \right|$$

(4-1)

回落点法向动能为:

$$E_n = \frac{1}{2}mv_n^2 \tag{4-2}$$

式中:E_n——回落点法向动能,J;

m——平贝母质量,kg;

v_n——回落点法向速度,m/s。

如图4-10所示:回落点法向速度的平方(反映法向动能)随滚筒转速的增大而先增大后减小;法向平均碰撞损失能变化规律与理论分析回落点法向动能变化规律一致。

(8)平贝母切向碰撞损失能与回落点切向动能关系对比分析

回落点切向动能为:

$$E_t = \frac{1}{2}mv_t^2 = \frac{1}{2}m(v_p^2 - v_n^2) \tag{4-3}$$

式中:E_t——回落点切向动能,J;

v_t——回落点切向速度,m/s。

如图4-11所示:回落点切向速度的平方(切向动能)随滚筒转速的增大而先增大再减小后增大;切向平均碰撞损失能变化规律与理论分析回落点切向动能变化规律基本一致。

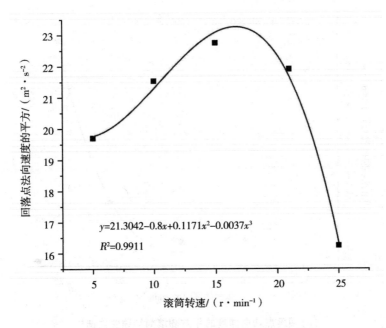

$y=21.3042-0.8x+0.1171x^2-0.0037x^3$

$R^2=0.9911$

（a）回落点法向速度的平方随滚筒转速变化曲线

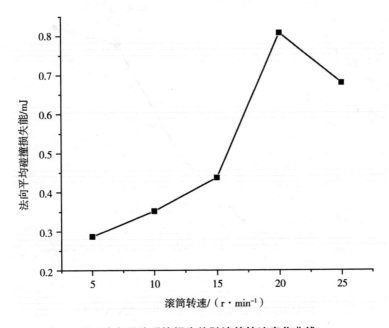

（b）法向平均碰撞损失能随滚筒转速变化曲线

图4－10　回落点法向动能和法向平均碰撞损失能变化规律的对比图

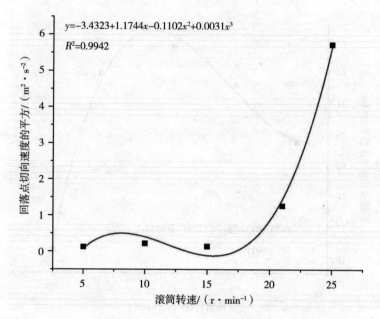

$y = -3.4323 + 1.1744x - 0.1102x^2 + 0.0031x^3$
$R^2 = 0.9942$

（a）回落点切向速度的平方随滚筒转速变化曲线

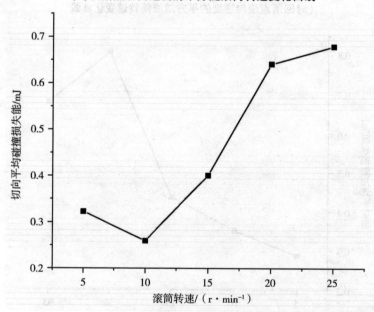

（b）切向平均碰撞损失能随滚筒转速变化曲线

图 4-11　回落点切向动能和碰撞损失能变化规律的对比图

4.2.2　不同扬料板径向倾角下平贝母筛分物碰撞能量损失数值模拟

（1）滚筒筛内平贝母筛分物运动状态分析

图 4-12 显示不同扬料板倾角下、仿真时间为 10 s 时平贝母筛分物运动状态模拟结果,设定滚筒转速为 15 r/min、扬料板轴向倾角为 15°。由图 4-12(a)可见,在径向倾角为 20°时,平贝母筛分物随滚筒筛从筛底部旋转至扬料板上,在力的作用下,扬料板最外层的平贝母筛分物在较高位置抛落至筛底,扬料板上内部堆积的平贝母筛分物在扬料板上做低速滑移运动。由图 4-12(b)、(c)可见,当径向倾角减小到 10° 和 0° 时,扬料板最外层的平贝母筛分物在较高位置做抛落运动的颗粒数明显减少,扬料板上内部堆积的平贝母筛分物在扬料板上做滑移运动和脱离扬料板泻落的速度明显增大。这表明当径向倾角减小时,滚筒筛内低能量碰撞的次数增加,平均碰撞损失能减少,平贝母损伤明显减少。由图 4-12(d)、(e)可见,当径向倾角为 -10° 和 -20° 时,平贝母筛分物几乎都在滚筒筛内低位置做抛落运动,平贝母机械碰撞损伤明显增加。

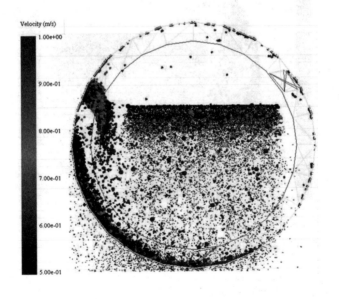

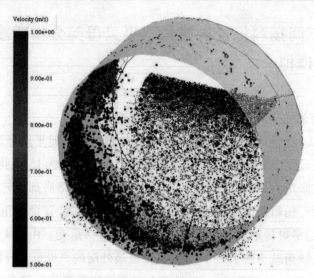

(a) 20°径向倾角下滚筒筛内平贝母筛分物运动状态模拟图

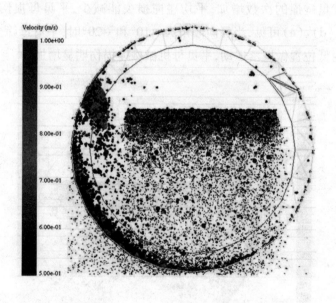

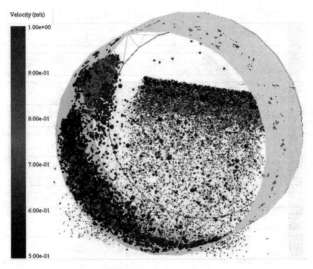

(b)10°径向倾角下滚筒筛内平贝母筛分物运动状态模拟图

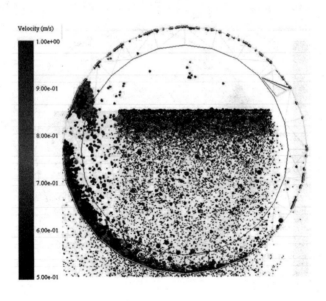

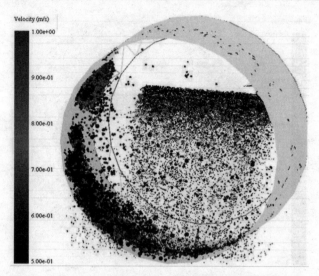

(c)0°径向倾角下滚筒筛内平贝母筛分物运动状态模拟图

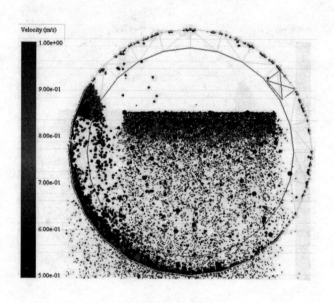

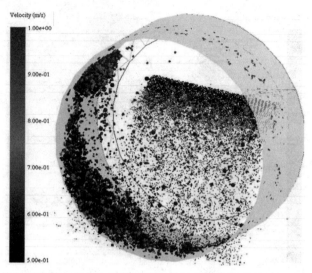

（d）-10°径向倾角下滚筒筛内平贝母筛分物运动状态模拟图

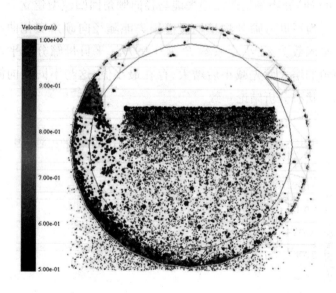

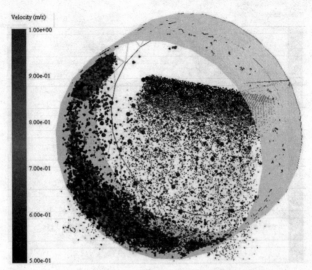

（e）-20°径向倾角下滚筒筛内平贝母筛分物运动状态模拟图

图 4 – 12　不同径向倾角下平贝母筛分物运动状态模拟图

（2）平贝母筛分物平均碰撞损失能与径向倾角回归模型建立

图 4 – 13 为平贝母筛分物平均碰撞损失能随径向倾角变化曲线。两者呈现较好的单峰函数关系，决定系数 R^2 为 0.9977。平贝母筛分物平均碰撞损失能随径向倾角的增大而先减小后增大，存在最小值，这与不同径向倾角下平贝母筛分物运动状态分析结论一致。

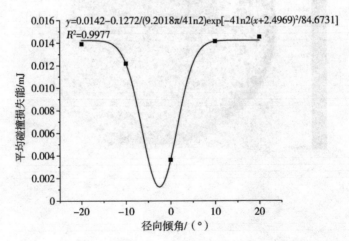

图 4 – 13　平贝母筛分物平均碰撞损失能随径向角度变化曲线

（3）平贝母法向、切向平均碰撞损失能与径向倾角回归模型建立

图 4 – 14 为平贝母法向、切向平均碰撞损失能随径向倾角变化曲线。由图 4 – 14 可知，法向、切向平均碰撞损失能均随径向倾角的增大而先减小后增大；径向倾角为 0°时，平贝母法向、切向平均碰撞损失能最小。

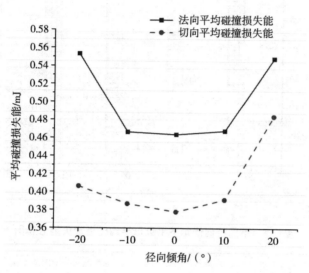

图 4 – 14　平贝母法向、切向平均碰撞损失能随径向倾角变化曲线

（4）不同径向倾角下平贝母平均碰撞损失能分布

图 4 – 15 为不同径向倾角下平贝母平均碰撞损失能分布图。其中，平贝母与筛网的平均碰撞损失能最大；平贝母与土壤的平均碰撞损失能次之；平贝母与平贝母的平均碰撞损失能最小。平贝母与筛网的平均碰撞损失能随径向倾角的增大而先减小后增大，平贝母与土壤、平贝母与平贝母间的平均碰撞损失能随径向倾角的增大而缓慢增大。径向倾角为 0°时，平贝母与筛网、平贝母与土壤的平均碰撞损失能之和最小，故切向、法向碰撞损失能最小。

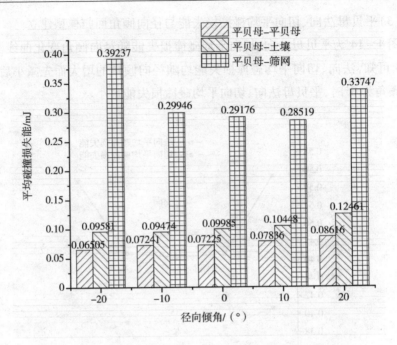

4－15 不同径向倾角下平贝母平均碰撞损失能分布图

4.2.3 不同扬料板轴向倾角下平贝母筛分物碰撞能量损失数值模拟

（1）滚筒筛内平贝母筛分物运动状态分析

图 4－16 显示不同扬料板轴向倾角下滚筒筛仿真时间为 15 s 时平贝母筛分物运动状态模拟结果,设定滚筒转速为 15 r/min,扬料板径向倾角为 0°。由图 4－16（a）可知,在扬料板轴向倾角为 5°时,大部分平贝母筛分物随滚筒筛从底部旋转至扬料板上,仅有少数平贝母筛分物沿扬料板做抛落运动,碰撞损失能较小。由图 4－16（b）、（c）可知,当扬料板轴向倾角增大到 10°和 15°时,做抛落运动的平贝母筛分物明显增加,损失能增大。由图 4－16（d）、（e）可知,当轴向倾角增至 20°和 25°时,滚筒筛内平贝母筛分物沿扬料板做低能量、高频次的泻落运动,碰撞损失能减少。

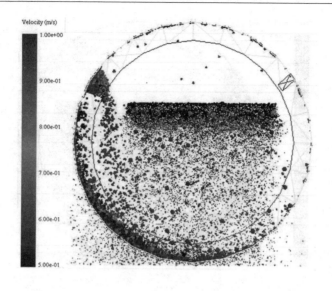

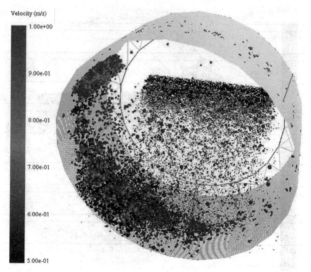

(a)5°轴向倾角下滚筒筛内平贝母筛分物运动状态模拟图

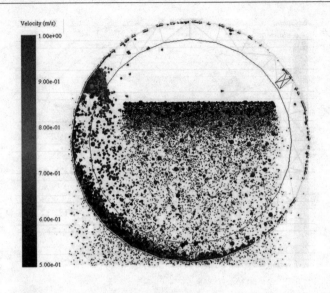

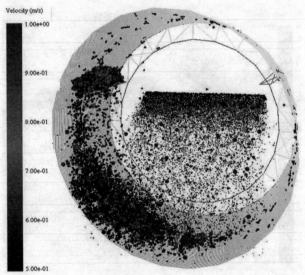

(b)10°轴向倾角下滚筒筛内平贝母筛分物运动状态模拟图

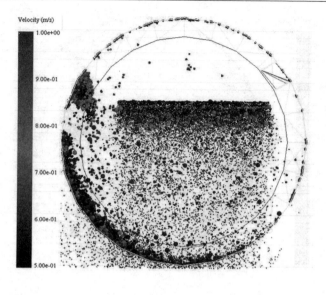

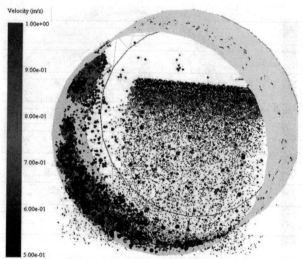

（c）15°轴向倾角下滚筒筛内平贝母筛分物运动状态模拟图

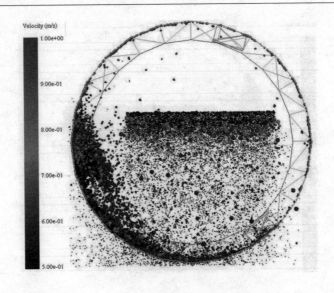

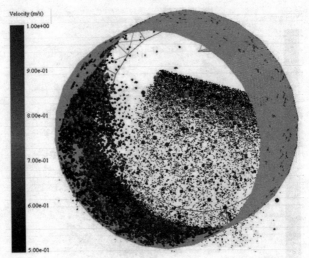

(d) 20°轴向倾角下滚筒筛内平贝母筛分物运动状态模拟图

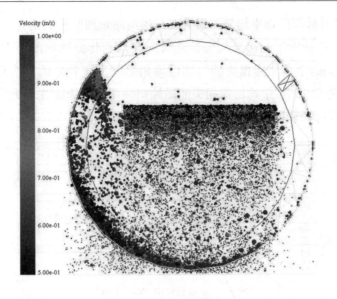

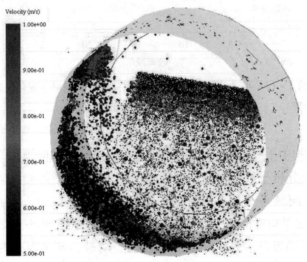

(e) 25°轴向倾角下滚筒筛内平贝母筛分物运动状态模拟图

图 4 – 16　不同轴向倾角下平贝母筛分物运动状态模拟图

（2）平贝母筛分物平均碰撞损失能与轴向倾角回归模型建立

平贝母筛分物平均碰撞损失能随轴向倾角变化曲线如图 4 - 17 所示。由图 4 - 17 可知：平均碰撞损失能与轴向倾角之间呈现较好的二次函数关系，决定系数 R^2 为 0.9561；平均碰撞损失能随轴向倾角的增大而先增大后减小，这与不同轴向倾角下平贝母筛分物运动状态分析结论一致。

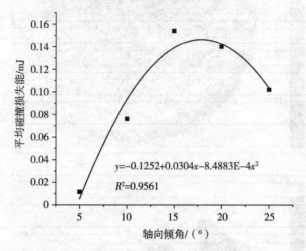

图 4 - 17　平贝母筛分物平均碰撞损失能随轴向倾角变化曲线

注：E - 4 代表 $\times 10^{-4}$。

（3）筛分物中平贝母法向、切向平均碰撞损失能与轴向倾角关系分析

为进一步分析平贝母与其他碰撞间的损失能，对平贝母法向、切向平均碰撞损失能与轴向倾角的关系进行分析，结果如图 4 - 18 所示。由图 4 - 18 可知：平贝母法向平均碰撞损失能随轴向倾角的增大而先减小后增大，其中轴向倾角为 20°时，平贝母法向平均碰撞损失能最小，轴向倾角为 5°时，平贝母法向平均碰撞损失能最大；平贝母切向平均碰撞损失能随轴向倾角的增大先减小后增大，其中轴向倾角为 10°～20°时，平贝母切向平均碰撞损失能较小。

（4）不同轴向倾角下平贝母平均碰撞损失能分布

图 4 - 19 为不同轴向倾角下平贝母平均碰撞损失能分布图。由图 4 - 19 可知：平贝母与筛网的平均碰撞损失能最大，平贝母与土壤的平均碰撞损失能次之，平贝母间的平均碰撞损失能最小；平贝母与土壤、平贝母间的平均碰撞损失能随轴向倾角的增大而先减小后增大，平贝母与筛网的平均碰撞损失能随轴

向倾角的增大而先增大后减小;轴向倾角为 20° 时,平贝母平均碰撞损失能最小。

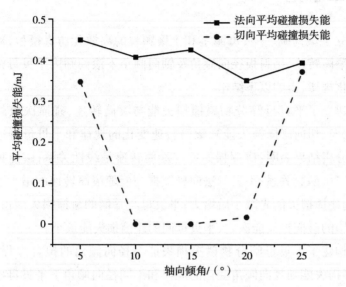

图 4 - 18　平贝母法向、切向平均碰撞损失能与轴向倾角关系曲线

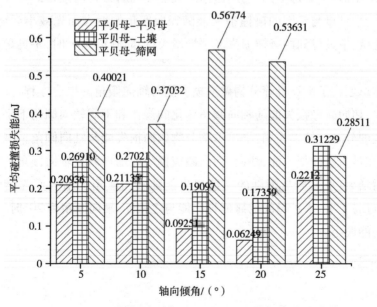

图 4 - 19　不同轴向倾角下平贝母平均碰撞损失能分布图

4.3 本章小结

本章建立了滚筒筛、平贝母鳞茎和土壤颗粒的离散元仿真模型,数值模拟分析了不同滚筒转速、扬料板径向倾角及轴向倾角下滚筒筛内平贝母筛分物能量损失的变化规律,得到以下结论。

①本章建立了平贝母筛分物碰撞损失能与滚筒转速、碰撞次数的拟合方程,分析了法向、切向碰撞损失能随滚筒转速变化的规律和平贝母碰撞损失能分布规律。分析结果表明:碰撞损失能与滚筒转速呈线性关系;碰撞损失能与碰撞次数呈二次函数关系;平贝母法向碰撞损失能随滚筒转速的增大而先增大后减小,切向碰撞损失能先减小后增大;平贝母与筛网的碰撞损失能占比最大,平贝母与土壤的碰撞损失能次之,平贝母间的碰撞损失能最小。

②本章构建了平贝母筛分物碰撞损失能与径向倾角的拟合方程,分析法向、切向碰撞损失能随径向倾角变化的规律和不同径向倾角下平贝母碰撞损失能的分布。分析结果表明:平贝母筛分物碰撞损失能与径向倾角呈单峰函数关系,存在最小值;平贝母法向、切向碰撞损失能随扬料板径向倾角的增大而先减小后增大;平贝母与筛网的碰撞损失能随径向倾角的增大而先减小后增大,平贝母与土壤、平贝母间的碰撞损失能缓慢增大;径向倾角为0°时,平贝母碰撞损失能最小。

③本章创建了平贝母筛分物碰撞损失能与轴向倾角的拟合方程,分析了平贝母法向、切向碰撞损失能随轴向倾角变化的规律和不同轴向倾角下平贝母碰撞损失能的分布。结果表明:平贝母筛分物碰撞损失能与轴向倾角呈二次函数关系,存在最大碰撞损失能;法向、切向碰撞损失能随扬料板轴向倾角的增大而先减小后增大;平贝母与筛网的碰撞损失能随轴向倾角的增大而先增大后减小,平贝母与土壤、平贝母间的碰撞损失能与之相反;轴向倾角为20°时,平贝母碰撞损失能最小。

5 平贝母鳞茎碰撞损伤试验研究

5.1 平贝母鳞茎与筛网碰撞损伤试验

滚筒筛筛分过程中平贝母鳞茎与筛网碰撞是平贝母产生损伤的主要原因之一。考虑到筛分时平贝母筛分物颗粒运动复杂,影响因素难以控制,因此本节通过碰撞试验模拟滚筒筛内平贝母碰撞损伤规律。

5.1.1 试验材料与方法

5.1.1.1 平贝母鳞茎

平贝母鳞茎采自黑龙江省伊春市。为防止水分流失,将收获后的土壤与平贝母鳞茎一同运到黑龙江八一农垦大学实验室,并在冷藏柜中保存,其保存温度为 $2 \sim 6 \, ℃$,湿度为 $13\% \sim 14\%$。试验前肉眼检查平贝母鳞茎是否有损伤,按质量(分别为 $0.95 \pm 0.15 \, g$、$2.00 \pm 0.13 \, g$、$2.98 \pm 0.16 \, g$、$4.00 \pm 0.18 \, g$)分为 4 组,如图 5 - 1 所示。

图 5 - 1　平贝母鳞茎分组

5.1.1.2 跌落碰撞试验台结构与工作原理

跌落碰撞试验装置主要由数据采集器、数据线、可调高度平台、导管、筛网安装夹具、传感器、机架、计算机和碰撞平台组成,如图 5 - 2(a)所示。机架焊接在碰撞平台上,可调高度平台安装在机架上,导管连接在可调高度平台上,筛网安装夹具一端通过螺钉连接固定在碰撞平台上,另一端通过数据采集器和数据线与计算机连接。筛网安装夹具主要由筛网、槽钢、底板、传感器、螺丝、压板组成,如图5-2(b)所示。传感器通过螺纹连接安装在夹具底板与自由落体试验台底座之间。筛网和底板由槽钢支撑,分别与槽钢和压板通过螺杆连接。

1—数据采集器;2—数据线;3—可调高度平台;4—导管;5—筛网安装夹具;
6—传感器;7—机架;8—计算机;9—碰撞平台

(a)跌落碰撞试验装置

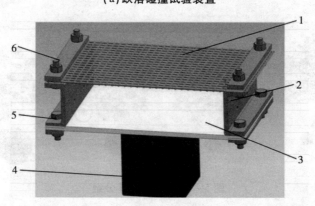

1—筛网;2—槽钢;3—底板;4—传感器;5—螺丝;6—压板

(b)筛网安装夹具

图5-2　跌落碰撞试验装置及筛网安装夹具

试验中,平贝母鳞茎从可调高度平台落下,通过导管与夹具上的筛网碰撞。考虑平贝母鳞茎与筛网碰撞力小和接触时间短等特点,选用应变传感器(型号为 1199,量程为 0 ~ 5 N,精度为 0.05%)采集动态模拟信号,使用数据采集器(型号为 TW60,精度为 0.01%,测量速率为每秒 1600 次)通过高精度数模转换芯片,经过放大、滤波等运算逻辑,完成数模信号转换,获得实时力值数据,将数据传输到计算机软件中,实现力值数据的采集、显示、存储和查询。

5.1.1.3 试验因素与指标

(1)试验指标计算

①质量损失比

平贝母鳞茎为不规则形状,内部中空且大小不一,故采用质量损失比来衡量平贝母损伤。质量损失比为平贝母损伤质量与平贝母质量的比值。如图 5 - 3 所示,平贝母鳞茎与筛网碰撞形成多点、长椭圆形分布的损伤面,采用墨水着色方法测量损伤体积工作量较大。为提高效率,通过测量平贝母各个损伤体积的宽度、长度和深度,利用锥体体积公式计算损伤体积,并获得平贝母的密度和质量,从而计算平贝母质量损失比,其公式为:

$$\eta = \sum_{i=1}^{T} \frac{\pi a_i b_i L_{1i} \rho}{12 M_g} \times 100\% \tag{5-1}$$

式中:η——质量损失比,%;

a_i——第 i 个损伤宽度,mm;

b_i——第 i 个损伤长度,mm;

M_g——平贝母质量,g;

L_{1i}——第 i 个损伤深度,mm;

ρ——平贝母密度,g/mm³;

T——平贝母损伤体积的个数。

②损失能

采用应变传感器和数据采集器将采集的模拟信号转换为数字信号,使用上位机软件进行力值数据分析,运用 Origin 2021 软件的积分函数功能,计算碰撞力与时间的积分面积,得到平贝母鳞茎与筛网的碰撞冲量 $\int_{t_1}^{t_2} F_l \mathrm{d}t$,如图 5 - 4 所示。

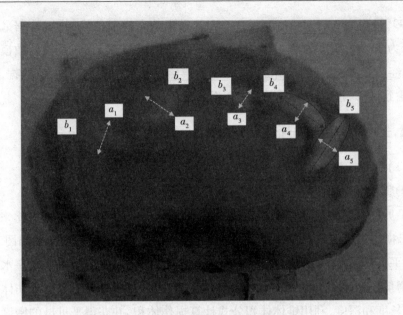

图 5 - 3   平贝母鳞茎与筛网碰撞损伤分布

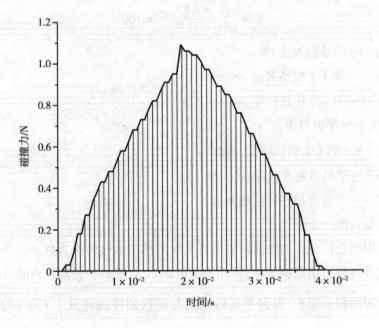

图 5 - 4   碰撞力与时间的积分面积

由动能和动量定义推导得到损失能计算公式为：

$$E_A = mgh_1 - \frac{1}{2}\left(m \sqrt{2gh_1} + \int_{t_1}^{t_2} F_I dt \right)^2 / m \qquad (5-2)$$

式中：h_1——碰撞高度，m；

$\quad\quad F_I$——碰撞力，N。

将碰撞力与时间的积分值、平贝母质量和碰撞高度代入公式(5-2)，计算得到损失能。

(2)试验因素水平的确定

根据滚筒筛的工作原理和结构特点，本节试验因素为平贝母质量、碰撞高度、碰撞筛网金属丝直径(简称"碰撞筛网")和碰撞次数，试验指标为碰撞损失能(简称"损失能")和质量损失比。每个因素分别取 4 个不同水平，详见表 5-1。

表 5-1 试验因素和水平

水平	平贝母质量/g	碰撞高度/mm	碰撞筛网/mm	碰撞次数
1	1	300	1.00	5
2	2	600	1.25	6
3	3	900	1.40	7
4	4	1200	1.60	8

滚筒筛主要由筛网组成，不同金属丝直径的筛网与平贝母鳞茎碰撞的能量损失和损伤不同。参照《工业用金属丝编织方孔筛网》(GB/T 5330—2003)和筛网的弹性，对于孔尺寸为 8 mm × 8 mm 的筛网，选用碰撞筛网金属丝直径分别为 1.00 mm、1.25 mm、1.40 mm 和 1.60 mm 的优质碳素结构钢(10 号钢)，为便于表达，其水平用 1.00 mm、1.25 mm、1.40 mm 和 1.60 mm 表示。根据前文的理论分析和仿真分析，确定最大落差为 1200 mm、最小落差为 300 mm。根据等水平原则，碰撞高度取 300 mm、600 mm、900 mm 和 1200 mm。由滚筒筛分预试验可知，平贝母筛分物在滚筒筛内最少转动 5 圈，最多转动 8 圈，所以碰撞次数取 5、6、7、8。选用 $L_{16}(4^5)$ 表作为正交试验方案，如表 5-2 所示，试验数 $N = 16$。

表 5 - 2　正交试验方案

试验编号	平贝母质量/g	碰撞高度/mm	碰撞筛网/mm	碰撞次数	空列
1	1.01 ± 0.08	300	1.00	3	1
2	1.02 ± 0.07	600	1.25	4	2
3	0.98 ± 0.09	900	1.40	5	3
4	1.00 ± 0.10	1200	1.60	6	4
5	1.97 ± 0.07	300	1.25	5	4
6	2.00 ± 0.13	600	1.00	6	3
7	2.01 ± 0.09	900	1.60	3	2
8	1.96 ± 0.09	1200	1.40	4	1
9	2.97 ± 0.10	300	1.40	6	2
10	2.99 ± 0.10	600	1.60	5	1
11	3.03 ± 0.09	900	1.00	4	4
12	2.98 ± 0.16	1200	1.25	3	3
13	3.92 ± 0.09	300	1.60	4	3
14	4.01 ± 0.17	600	1.40	3	4
15	4.00 ± 0.18	900	1.25	6	1
16	4.03 ± 0.08	1200	1.00	5	2

5.1.2　正交试验结果与分析

正交试验结果如表 5 - 3 所示。

表 5 - 3　正交试验结果

试验编号	损失能/mJ	质量损失比/%
1	0.0262	0.00
2	0.0340	0.35
3	0.0326	11.84
4	0.0475	10.79
5	0.0523	0.03

续表

试验编号	损失能/mJ	质量损失比/%
6	0.0643	0.00
7	0.0563	8.29
8	0.0675	8.35
9	0.0309	3.79
10	0.0676	11.27
11	0.1314	0.51
12	0.1415	2.10
13	0.0619	4.09
14	0.0870	4.18
15	0.2025	0.57
16	0.1982	4.08

采用 SPSS 软件对平贝母损失能和质量损失比进行模型显著性检验与因素方差分析,结果见表 5 - 4。由表 5 - 4 可知,影响平贝母损失能的主要因素是平贝母质量、其次是碰撞高度、碰撞筛网和碰撞次数,与 Deng 等人的结论一致;平贝母质量、碰撞高度和碰撞筛网对损失能影响极显著,碰撞次数对损失能影响不显著。影响质量损失比的主次因素依次为碰撞筛网、碰撞高度、碰撞次数和平贝母质量;碰撞筛网对质量损失比影响极显著,碰撞高度和碰撞次数影响显著,平贝母质量影响不显著。然而,Deng 等人和 Xie 等人的研究结果表明,影响马铃薯质量损失比的主次因素依次为碰撞高度、碰撞筛网和马铃薯质量,与本节研究结果不一致。这是由于平贝母的质量远远小于马铃薯的质量,且碰撞筛网具有弹性。

表5-4　方差分析表

指标	方差来源	平方和	自由度	均差	F值	P值
损失能	校正模型	0.048	12	0.004	21.807	0.014
	截距	0.106	1	0.106	579.645	0.000
	平贝母质量	0.023	3	0.008	42.815	0.006
	碰撞高度	0.014	3	0.005	25.182	0.013
	碰撞筛网	0.010	3	0.003	18.240	0.020
	碰撞次数	0.001	3	0.000	0.992	0.502
	误差	0.001	3	0.000	—	—
	总计	0.154	16	—	—	—
质量损失比	校正模型	280.934	12	23.411	22.578	0.013
	截距	308.354	1	308.354	297.380	0.000
	平贝母质量	12.928	3	4.309	4.156	0.136
	碰撞高度	42.440	3	14.147	13.643	0.030
	碰撞筛网	194.014	3	64.671	62.370	0.003
	碰撞次数	31.553	3	10.518	10.143	0.044
	误差	3.111	3	1.037	—	—
	总计	592.399	16	—	—	—

5.1.3　影响损失能与质量损失比的因素

正交试验结果表明,平贝母质量、碰撞高度、碰撞筛网、碰撞次数对损失能和质量损失比均有不同程度的影响。因此,有必要对平贝母质量、碰撞高度、碰撞筛网和碰撞次数进行单因素试验。

(1)平贝母质量的影响

如图5-5所示,损失能随着平贝母质量的增大而增大,两者呈正线性相关,拟合方程为$y = 0.0036 + 0.034x$,决定系数R^2为0.9837。

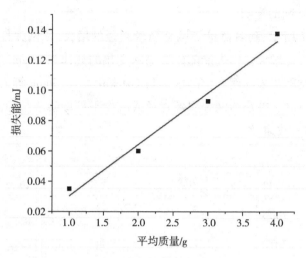

图 5 - 5　平贝母质量对损失能的影响

（2）碰撞高度的影响

如图 5 - 6 所示，随着碰撞高度的增大，质量损失比迅速增大，拟合方程为 $y = 0.7857 + 0.0048x$，决定系数 R^2 为 0.9786；损失能随着碰撞高度的增大而增大，拟合方程为 $y = 0.0176 + 0.00009x$，决定系数 R^2 为 0.9425。这与 Celik 等人、Komarnicki 等人、Zhou 等人的结论一致。

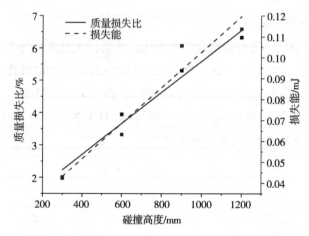

图 5 - 6　碰撞高度对损失能和质量损失比的影响

（3）碰撞筛网的影响

如图 5 - 7 所示,随着碰撞筛网金属丝直径的增大,筛网弹性降低,损失能增加,质量损失比增大。损失能随碰撞筛网变化的规律与 Zhang 等人的结论一致;质量损失比随碰撞筛网变化的规律与 Öztekin 等人、Stopa 等人的结论一致。在滚筒筛分过程中,减小筛网金属丝直径或减少平贝母鳞茎与筛网的直接接触是降低损伤的有效途径。

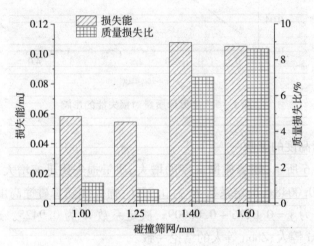

图 5 - 7 碰撞筛网对损失能和质量损失比的影响

（4）碰撞次数的影响

如图 5 - 8 所示,随着碰撞次数的增加,质量损失比先减小后增大、最后减小,拟合方程为 $y = 418.19 - 202.76x + 32.47x^2 - 1.7x^3$,决定系数 R^2 为 0.9998。碰撞次数与质量损失比的关系与 Wang 等人、卢立新和王志伟的结论不一致。这是因为平贝母鳞茎的特点是体积小、质量小,对于多次碰撞,平贝母鳞茎在同一位置碰撞的概率增大,因此关系不明显。

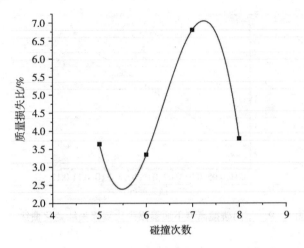

图 5 - 8　碰撞次数对质量损失比的影响

5.1.4　损失能与质量损失比回归模型建立

为研究不同碰撞高度和碰撞筛网下质量损失比与损失能的关系，以碰撞高度、碰撞筛网为因素，用 Origin 2021 软件对图 5 - 6 和图 5 - 7 的质量损失比与损失能进行拟合，拟合后质量损失比与损失能的对应函数关系如表 5 - 5 所示。

表 5 - 5　平贝母质量损失比与损失能回归模型

不同方式	回归模型	决定系数
碰撞高度不同	$y = 0.0093 + 53.8520x$	0.9434
碰撞筛网不同	$y = -6.7203 + 136.5763x$	0.9616

如图 5 - 9 所示，在碰撞高度不同的条件下，质量损失比随损失能的增加而增大，两者呈正相关。如图 5 - 10 所示，在碰撞筛网不同的条件下，质量损失比随损失能的增加而增大，两者亦呈正相关。

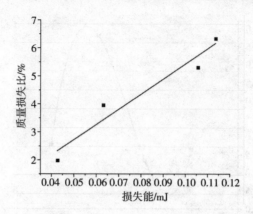

图 5 - 9　不同碰撞高度下质量损失比随损失能变化曲线

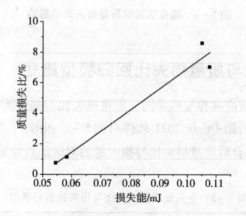

图 5 - 10　不同碰撞筛网下质量损失比随损失能变化曲线

5.2　平贝母鳞茎间碰撞损伤试验

　　滚筒筛筛分过程中存在平贝母鳞茎间碰撞,这是造成平贝母损伤的主要原因之一。根据平贝母滚筒筛结构尺寸、平贝母鳞茎类型和鳞茎间可能存在的运动碰撞形式,将平贝母鳞茎间碰撞分为不同质量、位置、方向和高度的碰撞,因此选取平贝母质量关系、碰撞位置、碰撞方向和碰撞高度 4 个因素作为影响因素。考虑到滚筒筛内平贝母筛分物运动复杂,影响因素难以控制,因此本节通过碰撞试验模拟滚筒筛内平贝母损伤规律。

5.2.1　试验材料与方法

（1）试验材料

表5-6列出了不同质量的平贝母鳞茎，其中1～30号为质量相近的鳞茎，31～60号为质量差异的鳞茎。

表5-6　质量相近、差异平贝母鳞茎统计表

试验号	被碰撞平贝母质量/g	碰撞平贝母质量/g	试验号	被碰撞平贝母质量/g	碰撞平贝母质量/g	试验号	被碰撞平贝母质量/g	碰撞平贝母质量/g
1	6.01	6.19	21	6.00	6.02	41	5.21	7.02
2	6.34	6.4	22	6.02	6.49	42	5.53	7.52
3	6.03	6.05	23	6.19	6.60	43	5.74	7.16
4	6.59	6.74	24	6.54	6.31	44	5.17	7.22
5	6.26	6.64	25	6.51	6.35	45	5.30	7.32
6	6.82	6.86	26	6.05	6.09	46	5.11	7.13
7	6.04	6.09	27	6.05	6.20	47	5.49	7.67
8	6.01	6.06	28	6.37	6.44	48	5.24	7.39
9	6.02	6.05	29	6.36	6.16	49	5.55	7.62
10	6.86	6.77	30	6.50	6.64	50	5.63	7.70
11	6.32	6.78	31	4.86	7.34	51	5.86	7.92
12	6.11	6.37	32	5.21	7.35	52	5.73	7.87
13	6.59	6.40	33	5.16	7.24	53	5.24	7.28
14	6.61	6.12	34	5.19	7.59	54	5.76	7.89
15	6.81	6.61	35	5.63	7.74	55	5.08	7.56
16	6.61	6.23	36	5.47	7.56	56	5.51	7.75
17	6.02	6.07	37	5.31	7.48	57	5.41	7.60
18	6.61	6.46	38	5.47	7.53	58	5.18	7.29
19	6.52	6.07	39	5.10	7.17	59	5.52	7.90
20	6.24	6.15	40	5.33	7.51	60	5.75	8.01

（2）平贝母碰撞试验台结构与工作原理

平贝母碰撞试验台主要由基架、支架、棉线（减小平贝母鳞茎与横梁连接部分对碰撞损失能的影响）、横梁、数据采集器、计算机、数据传输线、应变传感器和钢板组成。如图 5 - 11 所示，支架焊接在基架上；横梁安装在支架上且可调；棉线两端与横梁两端相连；棉线下垂端与平贝母鳞茎黏结；基架与支架焊接的同时还与钢板焊接；钢板上开有安装孔，与应变传感器螺纹连接；应变传感器通过数据采集器、数据传输线与计算机连接。

1—基架；2—支架；3—棉线；4—横梁；5—数据采集器；6—计算机；7—数据传输线；
8—应变传感器；9—钢板

图 5 - 11 平贝母碰撞试验台

试验前，将碰撞平贝母鳞茎和被碰撞平贝母鳞茎按碰撞方向、位置调整好，并分别与棉线和应变传感器黏结，如图 5 - 12 所示。图 5 - 12（a）为碰撞平贝母鳞茎与被碰撞平贝母鳞茎位置正撞，方向为正面碰撞正面（简称"正撞 正 - 正"）；图 5 - 12（b）为碰撞平贝母鳞茎与被碰撞平贝母鳞茎偏撞，方向为正面碰撞正面（简称"偏撞 正 - 正"）；图 5 - 12（c）为碰撞平贝母鳞茎与被碰撞平贝母鳞茎正撞，方向为侧面碰撞侧面（简称"正撞 侧 - 侧"）；图 5 - 12（d）为碰撞平

贝母鳞茎与被碰撞平贝母鳞茎偏撞,方向为侧面碰撞侧面(简称"偏撞　侧 –
侧");图 5 – 12(e)为碰撞平贝母鳞茎与被碰撞平贝母鳞茎正撞,方向为侧面碰
撞正面(简称"正撞　正 – 侧");图 5 – 12(f)为碰撞平贝母鳞茎与被碰撞平贝母
鳞茎偏撞,方向为侧面碰撞正面(简称"偏撞　正 – 侧")。

(a)正撞 正–正　(b)偏撞 正–正　(c)正撞 侧–侧　(d)偏撞 侧–侧　(e)正撞 正–侧　(f)偏撞 正–侧

图 5 – 12　平贝母鳞茎间碰撞位置和方向关系

　　试验时,将平贝母鳞茎拉至不同高度后释放,采用与前文相同的应变传感
器和数据采集器采集动态模拟信号,并进行高精度数模转换,将应变传感器的
模拟信号转换为数字信号,进而得到实时力值数据,将此数据传输到计算机软
件中,实现力值数据的采集、显示、存储和查询。

　　(3)试验因素与指标

　　本试验将平贝母损失能和质量损失比作为指标。平贝母损失能计算参照
平贝母鳞茎与筛网碰撞计算方法。采收季的平贝母鳞茎含水率较高(66.1%),
表皮脆而软,碰撞后极易出现表皮破裂,其损伤以皮下瘀伤和局部损伤为主,故
适宜采用墨水着色法进行平贝母鳞茎损伤评价。将每次碰撞后的平贝母鳞茎
浸泡在 0.2% 的红墨水中 8 h 以上,如图 5 – 13 所示。擦干平贝母鳞茎上多余
的墨水,用电子秤称重,观察平贝母鳞茎着色情况,用刀片将染色部分去除,如
图 5 – 14 所示,称取剩余质量。

图 5 – 13　碰撞损伤平贝母鳞茎浸泡着色(一)

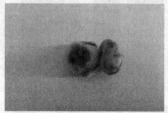

（a）碰撞损伤并着色后　　　　　（b）碰撞损伤去除后

图 5 – 14　平贝母鳞茎碰撞损伤处理前后对比(一)

平贝母质量损失比计算公式为:

$$\eta = \left(1 - \frac{m_{剩}}{m_{总}}\right) \times 100\% \tag{5-3}$$

式中:η——平贝母质量损失比,%;

　　　$m_{剩}$——去除损伤后剩余平贝母质量,g;

　　　$m_{总}$——浸泡后平贝母质量,g。

平贝母鳞茎质量差异较大,很难找到相同的平贝母。考虑平贝母质量影响碰撞损伤以及质量的一致性,将碰撞与被碰撞平贝母鳞茎质量差小于 0.5 g 定义为质量相近,质量差大于 2 g、小于 2.5 g 定义为质量差异,如表 5 – 6 所示。碰撞位置分为正撞和偏撞 2 类,碰撞方向分为正 – 正、正 – 侧和侧 – 侧 3 种情况,如图 5 – 12 所示。综合考虑滚筒筛内平贝母筛分物的运动规律和平贝母鳞茎与筛网碰撞高度,平贝母鳞茎间碰撞高度取 300 mm、600 mm、900 mm、1200 mm 和 1500 mm。为测定各因素对试验指标的影响和显著性水平,用 SPSS 软件对试验结果进行方差分析,判断各因素对平贝母损失能和质量损失比影响的显著性。平贝母鳞茎间碰撞损伤试验方案与结果见表 5 – 7 和表 5 – 8。

表 5-7 质量相近平贝母鳞茎间碰撞损伤试验方案与结果

序号	碰撞位置	碰撞方向	碰撞高度/mm	质量损失比/%	损失能/mJ
1			300	1.25	0.0842
2			600	1.81	0.1213
3		正-正	900	2.53	0.1532
4			1200	3.08	0.2022
5			1500	2.94	0.2335
6			300	2.05	0.0979
7			600	2.42	0.1402
8		正-侧	900	2.59	0.1185
9			1200	3.44	0.2321
10	正撞		1500	3.51	0.2295
11			300	1.66	0.1092
12			600	1.75	0.1313
13		侧-侧	900	1.89	0.1851
14			1200	4.36	0.2687
15			1500	4.33	0.2580
16			300	3.06	0.0591
17			600	3.41	0.0934
18		正-正	900	3.59	0.1213
19			1200	3.77	0.1919
20			1500	4.57	0.2093
21	偏撞		300	1.08	0.0348
22			600	1.19	0.0658
23		正-侧	900	1.71	0.1497
24			1200	2.15	0.1299
25			1500	2.20	0.1732
26			300	1.32	0.0849
27			600	2.27	0.0999
28		侧-侧	900	2.89	0.1585
29			1200	3.79	0.1579
30			1500	4.56	0.1633

表5－8　质量差异平贝母鳞茎间碰撞损伤试验方案与结果

序号	碰撞位置	碰撞方向	碰撞高度/mm	质量损失比/%	损失能/mJ
1			300	0.80	0.0899
2			600	1.37	0.1846
3		正－正	900	1.75	0.1617
4			1200	1.82	0.2221
5			1500	3.67	0.3589
6			300	0.79	0.0783
7			600	1.32	0.1565
8		正－侧	900	1.53	0.1981
9	正撞		1200	2.40	0.2155
10			1500	2.56	0.2251
11			300	0.57	0.1044
12			600	0.91	0.1454
13		侧－侧	900	1.30	0.1660
14			1200	1.78	0.2594
15			1500	2.20	0.2317
16			300	1.42	0.0575
17			600	1.73	0.1158
18		正－正	900	2.24	0.1713
19			1200	2.58	0.1538
20			1500	3.75	0.2638
21	偏撞		300	0.38	0.0684
22			600	1.06	0.1174
23		正－侧	900	2.00	0.1467
24			1200	3.80	0.1423
25			1500	4.50	0.1855
26			300	0.39	0.0701
27			600	0.53	0.1639
28		侧－侧	900	1.93	0.1843
29			1200	2.92	0.3270
30			1500	4.76	0.4570

5.2.2　损失能影响因素分析

　　用 SPSS 软件对平贝母损失能进行模型显著性检验、因素方差分析和各主效应不同水平下损失能均值及标准误差统计分析。由表 5-9 和表 5-10 可知：平贝母鳞茎间碰撞损失能方差结果极显著；质量关系、碰撞高度对损失能影响极显著；碰撞位置、碰撞方向对损失能影响显著。由表 5-11 可知：质量关系中，质量差异对损失能的影响程度大于质量相近；碰撞位置中，偏撞对损失能的影响程度小于正撞；碰撞方向中，侧-侧对损失能的影响程度大于正-正，正-侧的影响程度最小；碰撞高度中，随着碰撞高度的增大，其对损失能的影响程度依次增大。

表 5-9　损失能模型显著性检验结果

方差来源	自由度	平方和	均方	F 值	尾概率 $Pr > F$
模型	9	1.886	0.210	115.729	0.000
误差	51	0.092	0.002		
总变异	60	1.978			

表 5-10　损失能因素方差分析结果

方差来源	自由度	平方和	均方	F 值	尾概率 $Pr > F$
质量关系	1	0.016	0.016	8.570	0.005
碰撞位置	1	0.012	0.012	6.565	0.013
碰撞方向	2	0.017	0.008	4.691	0.013
碰撞高度	4	0.215	0.054	29.647	0.000

表 5-11　各主效应不同水平下损失能均值及标准误差

主效应	水平	观察次数	损失能/mJ	
			均值	标准误差
质量关系	质量差异	30	0.181	0.008
	质量相近	30	0.149	0.008

续表

主效应	水平	观察次数	损失能/mJ	
			均值	标准误差
碰撞位置	偏撞	30	0.151	0.008
	正撞	30	0.179	0.008
碰撞方向	侧 – 侧	20	0.186	0.010
	正 – 侧	20	0.145	0.010
	正 – 正	20	0.162	0.010
碰撞高度	300	12	0.078	0.012
	600	12	0.128	0.012
	900	12	0.160	0.012
	1200	12	0.209	0.012
	1500	12	0.249	0.012

为研究不同质量关系、碰撞位置和碰撞方向下损失能与碰撞高度的回归模型,选择质量相近和质量差异的平贝母鳞茎作为研究对象,以碰撞高度为因素,采用 Origin 2021 软件对表 5 – 7 和表 5 – 8 中的损失能数据进行拟合,结果表明两者均呈正线性相关,见表 5 – 12。虽然表 5 – 12 中存在小于 0.9 的决定系数,但其方程也达到了显著水平($P < 0.05$),说明所建立的回归模型可以用来预测指标。

表 5 – 12 不同质量关系、碰撞位置和碰撞方向下损失能与碰撞高度的回归模型

质量关系	碰撞位置	碰撞方向	回归模型	R^2
质量相近	正撞	正 – 正	$y = 0.0450 + 1.265E - 4x$	0.9956
		正 – 侧	$y = 0.0571 + 1.1837E - 4x$	0.7914
		侧 – 侧	$y = 0.0600 + 1.45E - 4x$	0.9091
	偏撞	正 – 正	$y = 0.0153 + 1.3297E - 4x$	0.9681
		正 – 侧	$y = 0.0084 + 1.1363E - 4x$	0.8562
		侧 – 侧	$y = 0.0685 + 7.16E - 5x$	0.8243

续表

质量关系	碰撞位置	碰撞方向	回归模型	R^2
质量差异	正撞	正－正	$y = 0.0308 + 1.9183E - 4x$	0.8384
		正－侧	$y = 0.0689 + 1.1753E - 4x$	0.8648
		侧－侧	$y = 0.0708 + 1.2287E - 4x$	0.8451
	偏撞	正－正	$y = 0.0173 + 1.502E - 4x$	0.8784
		正－侧	$y = 0.0543 + 8.6367E - 5x$	0.9020
		侧－侧	$y = -0.0406 + 3.123E - 4x$	0.9498

（1）碰撞高度对损失能的影响

如图 5 – 15 所示，在质量相近平贝母鳞茎正撞情况下，正－正、正－侧和侧－侧碰撞损失能均随碰撞高度的增大而增大，其中侧－侧碰撞损失能最大，正－正碰撞损失能最小，正－侧与正－正碰撞损失能接近。

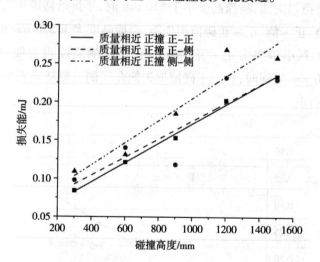

图 5 – 15 质量相近平贝母鳞茎正撞下损失能随碰撞高度变化曲线

如图 5 – 16 所示，在质量相近平贝母鳞茎偏撞情况下，随着碰撞高度的增大，正－正碰撞损失能始终大于正－侧碰撞损失能；碰撞高度小于 860 mm 时，侧－侧碰撞损失能大于正－正碰撞损失能；碰撞高度大于 860 mm 时，侧－侧碰撞损失能介于正－正碰撞损失能和正－侧碰撞损失能之间。

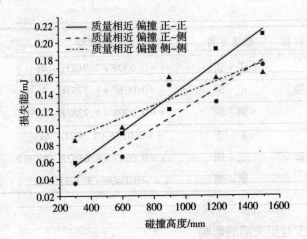

图 5 - 16　质量相近平贝母鳞茎偏撞下损失能随碰撞高度变化曲线

如图 5 - 17 所示,在质量差异平贝母鳞茎正撞情况下,侧 - 侧碰撞损失能大于正 - 侧碰撞损失能;碰撞高度小于 520 mm 时,平贝母碰撞损失能由大到小依次为侧 - 侧、正 - 侧、正 - 正碰撞损失能;碰撞高度大于 580 mm 时,平贝母碰撞损失能由大到小依次为正 - 正、侧 - 侧、正 - 侧碰撞损失能;碰撞高度在520 mm和580 mm 之间时,正 - 正碰撞损失能介于侧 - 侧碰撞损失能与正 - 侧碰撞损失能之间。

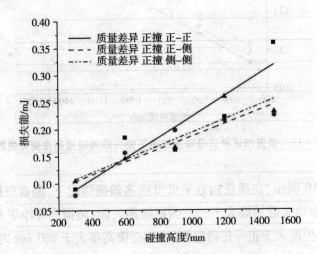

图 5 - 17　质量差异平贝母鳞茎正撞下损失能随碰撞高度变化曲线

如图 5 – 18 所示,在质量差异平贝母鳞茎偏撞情况下,侧 – 侧碰撞损失能大于正 – 正碰撞损失能;碰撞高度小于 420 mm 时,正 – 侧碰撞损失能大于侧 – 侧碰撞损失能;碰撞高度大于 520 mm 时,正 – 侧碰撞损失能小于正 – 正碰撞损失能;碰撞高度在 420 mm 和 520 mm 之间时,正 – 侧碰撞损失能介于侧 – 侧碰撞损失能与正 – 正碰撞损失能之间。

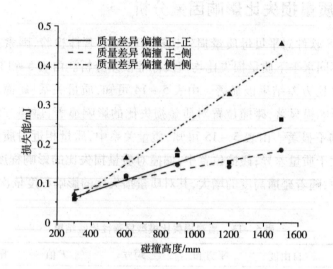

图 5 – 18　质量差异平贝母鳞茎偏撞下损失能随碰撞高度变化曲线

(2)碰撞位置对损失能的影响

由表 5 – 11 可知,正撞对平贝母损失能的影响大于偏撞。这是因为正撞颗粒之间接触面积大,相互作用力大,颗粒间作用所需的功大,平贝母损失能大;相反,偏撞颗粒之间接触面积小,相互作用力小,颗粒间作用所需的功小,平贝母损失能小。

(3)碰撞方向对损失能的影响

由表 5 – 11 可知,侧 – 侧碰撞对平贝母损失能的影响最大,正 – 侧碰撞对平贝母损失能的影响最小,正 – 正碰撞居中。由平贝母鳞茎生物学特性可知,平贝母鳞茎由几片鳞瓣抱之而成,平贝母鳞茎侧 – 侧碰撞时无缓冲,作用力大,颗粒间作用所需的功大,平贝母损失能大。由于平贝母鳞茎正面中间部位存在中空,正 – 侧碰撞时起到缓冲作用,故碰撞作用力小,颗粒间作用所需的功小,平贝母损失能小。

(4)质量关系对损失能的影响

由表5-11可知,在总质量相近的情况下,质量差异平贝母对损失能的影响比质量相近平贝母大。这是因为碰撞平贝母质量比被碰撞的大,碰撞能大,颗粒相互作用所做的功大,平贝母吸收的能量就大。

5.2.3 质量损失比影响因素分析

用SPSS软件对平贝母质量损失比进行模型显著性检验、因素方差分析和各主效应不同水平下质量损失比均值及标准误差分析。由表5-13可知,平贝母质量损失比方差结果极显著。由表5-14可知,质量关系、碰撞高度对质量损失比的影响极显著,碰撞位置对质量损失比的影响显著,碰撞方向对质量损失比的影响不显著。由表5-15可知,质量关系中,质量相近对质量损失比的影响程度大于质量差异;碰撞位置中,偏撞对质量损失比的影响程度大于正撞;碰撞高度中,随着碰撞高度的增大,其对质量损失比的影响程度依次增大。

表5-13 质量损失比模型显著性检验结果

方差来源	自由度	平方和	均方	F 值	尾概率 $Pr > F$
模型	9	0.038	0.004	92.521	0.000
误差	51	0.002	$4.618E-5$		
总变异	60	0.041			

表5-14 质量损失比因素方差分析结果

方差来源	自由度	平方和	均方	F 值	尾概率 $Pr > F$
质量关系	1	0.001	0.001	18.126	0.000
碰撞位置	1	0.000	0.000	4.503	0.039
碰撞方向	2	0.000	$9.053E-5$	1.960	0.151
碰撞高度	4	0.005	0.001	24.860	0.000

表 5-15　各主效应不同水平下质量损失比均值及标准误差

主效应	水平	观察次数	质量损失比/%	
			均值	标准误差
质量关系	质量差异	30	0.020	0.001
	质量相近	30	0.027	0.001
碰撞位置	偏撞	30	0.025	0.001
	正撞	30	0.021	0.001
碰撞方向	侧-侧	20	0.023	0.002
	正-侧	20	0.021	0.002
	正-正	20	0.026	0.002
碰撞高度	300	12	0.012	0.002
	600	12	0.016	0.002
	900	12	0.022	0.002
	1200	12	0.030	0.002
	1500	12	0.036	0.002

为研究不同质量关系、碰撞位置、碰撞方向下碰撞高度与质量损失比的关系,选择质量相近和质量差异平贝母鳞茎作为研究对象,以碰撞高度为因素,用 Origin 2021 软件对表 5-7 和表 5-8 的质量损失比数据进行拟合,结果表明两者呈线性相关,见表 5-16。虽然表 5-16 中存在小于 0.9 的决定系数,但其方程也达到了显著水平($P < 0.05$),说明所建立的回归模型可以用来对指标进行预测。

(1)碰撞高度对质量损失比的影响

如图 5-19 所示,在质量相近平贝母鳞茎正撞情况下,正-侧碰撞产生的质量损失比大于正-正碰撞;碰撞高度小于 460 mm 时,侧-侧碰撞产生的质量损失比小于正-正碰撞;碰撞高度在 460 mm 和 900 mm 之间时,侧-侧碰撞产生的质量损失比介于正-正碰撞与正-侧碰撞之间;碰撞高度大于 900 mm 时,侧-侧碰撞产生的质量损失比大于正-侧碰撞。

表 5 - 16   不同质量关系、碰撞位置和碰撞方向下质量损失比与碰撞高度的回归模型

质量关系	碰撞位置	碰撞方向	回归模型	R^2
		正 - 正	$y = 0.0093 + 1.55E - 5x$	0.8968
	正撞	正 - 侧	$y = 0.0162 + 1.3133E - 5x$	0.9325
		侧 - 侧	$y = 0.0041 + 2.65E - 5x$	0.7896
质量相近		正 - 正	$y = 0.0267 + 1.1267E - 5x$	0.9027
	偏撞	正 - 侧	$y = 0.0071 + 1.0667E - 5x$	0.9383
		侧 - 侧	$y = 0.0057 + 2.6667E - 5x$	0.9970
		正 - 正	$y = 2.5E - 4 + 2.0633E - 5x$	0.8238
	正撞	正 - 侧	$y = 0.0033 + 1.54E - 5x$	0.9576
		侧 - 侧	$y = 0.0011 + 1.3767E - 5x$	0.9964
质量差异		正 - 正	$y = 0.0069 + 1.8367E - 5x$	0.9273
	偏撞	正 - 侧	$y = -0.0095 + 3.66E - 5x$	0.9729
		侧 - 侧	$y = -0.123 + 3.71E - 5x$	0.9409

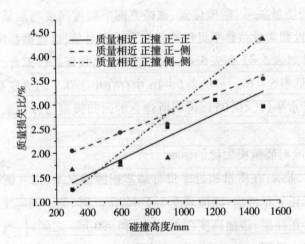

图 5 - 19   质量相近平贝母鳞茎正撞下质量损失比随碰撞高度变化曲线

如图 5 - 20 所示,在质量相近平贝母鳞茎偏撞情况下,正 - 正碰撞产生的质量损失比大于正 - 侧碰撞;碰撞高度小于 1390 mm 时,侧 - 侧碰撞产生的质

量损失比介于正 – 正碰撞与正 – 侧碰撞之间;碰撞高度大于 1390 mm 时,侧 – 侧碰撞产生的质量损失比大于正 – 正碰撞。

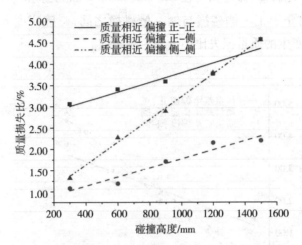

图 5 – 20　质量相近平贝母鳞茎偏撞下质量损失比随碰撞高度变化曲线

如图 5 – 21 所示,在质量差异平贝母鳞茎正撞情况下,正 – 正碰撞产生的质量损失比大于侧 – 侧碰撞;碰撞高度小于 600 mm 时,正 – 侧碰撞产生的质量损失比大于正 – 正碰撞;碰撞高度大于 600 mm 时,正 – 侧碰撞产生的质量损失比介于正 – 正碰撞与侧 – 侧碰撞之间。

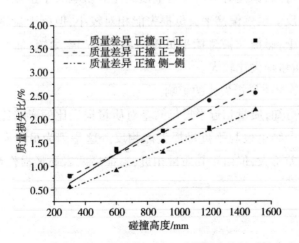

图 5 – 21　质量差异平贝母鳞茎正撞下质量损失比随碰撞高度变化曲线

如图 5 – 22 所示,在质量差异平贝母鳞茎偏撞情况下,正 – 侧碰撞产生的质量损失比大于侧 – 侧碰撞;碰撞高度小于 900 mm 时,正 – 正碰撞产生的质量损失比大于正 – 侧碰撞;碰撞高度在 900 mm 和 1030 mm 之间时,正 – 正碰撞产生的质量损失比介于正 – 侧碰撞与侧 – 侧碰撞之间;碰撞高度大于 1030 mm 时,正 – 正碰撞产生的质量损失比小于侧 – 侧碰撞。

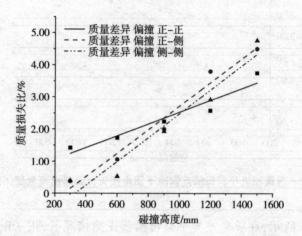

图 5 – 22　质量差异平贝母鳞茎偏撞下质量损失比随碰撞高度变化曲线

(2)碰撞位置对质量损失比的影响

由表 5 – 15 可知,偏撞对平贝母质量损失比的影响大于正撞。这个结论与平贝母损失能相反。虽然偏撞平贝母损失能相对较小,但由于被碰撞平贝母鳞茎固定在传感器上,碰撞与被碰撞平贝母鳞茎之间产生力矩,加剧了平贝母鳞茎碰撞损伤,故质量损失比较大。

(3)质量关系对质量损失比的影响

由表 5 – 15 可知,质量相近平贝母鳞茎对质量损失比的影响比质量差异平贝母鳞茎大。这个结论也与平贝母损失能相反。这是因为虽然质量相近平贝母鳞茎损失能相差不大,但由于其质量相近,碰撞后两者质量损伤都明显,故质量损失比大。

5.2.4　损失能与质量损失比回归模型建立

在不同质量关系、碰撞位置和碰撞方向下,平贝母鳞茎间碰撞产生的损失能与质量损失比的关系如表 5 – 17 所示。结果表明,回归函数均为一次函数,虽然表 5 – 17 中存在小于 0. 9 的决定系数,但其方程也达到了显著水平($P <$ 0.05),说明所建立的回归模型可以用来对指标进行预测。

表 5 – 17　不同质量关系、碰撞位置和碰撞方向下质量损失比与损失能的回归模型

质量关系	碰撞位置	碰撞方向	回归模型	R^2
质量相近	正撞	正 – 正	$y = 0.0038 + 0.1224x$	0.8989
		正 – 侧	$y = 0.0118 + 0.09934x$	0.9444
		侧 – 侧	$y = -0.0073 + 0.185x$	0.8897
	偏撞	正 – 正	$y = 0.0261 + 0.0796x$	0.8221
		正 – 侧	$y = 0.0077 + 0.0812x$	0.8204
		侧 – 侧	$y = -0.0105 + 0.3021x$	0.7958
质量差异	正撞	正 – 正	$y = -0.0025 + 0.105x$	0.9365
		正 – 侧	$y = -0.0026 + 0.1131x$	0.8247
		侧 – 侧	$y = -0.0037 + 0.0952x$	0.8502
	偏撞	正 – 正	$y = 0.006 + 0.1147x$	0.9290
		正 – 侧	$y = -0.0242 + 0.3614x$	0.7842
		侧 – 侧	$y = -0.0067 + 0.1156x$	0.9375

如图 5 – 23 所示,在质量相近平贝母鳞茎正撞情况下,正 – 正、正 – 侧和侧 – 侧碰撞的质量损失比随损失能的增加而增大,其中正 – 侧碰撞质量损失比大于正 – 正碰撞;损失能小于 0. 18 mJ 时,侧 – 侧碰撞质量损失比小于正 – 正碰撞;损失能大于 0. 22 mJ 时,侧 – 侧碰撞质量损失比大于正 – 侧碰撞;损失能在 0. 18 mJ 和 0. 22 mJ 之间时,侧 – 侧碰撞质量损失比介于正 – 正碰撞与正 – 侧碰撞之间。

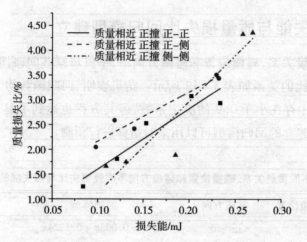

图 5 – 23　质量相近平贝母鳞茎正撞下质量损失比随损失能变化曲线

如图 5 – 24 所示,在质量相近平贝母鳞茎偏撞情况下,质量损失比随损失能的增加而增大;正 – 正碰撞质量损失比大于正 – 侧碰撞;侧 – 侧碰撞质量损失比介于正 – 正碰撞和正 – 侧碰撞之间。

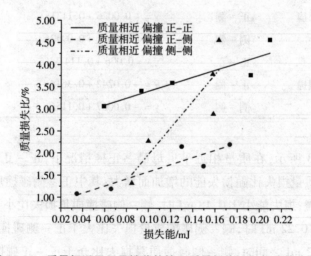

图 5 – 24　质量相近平贝母鳞茎偏撞下质量损失比随损失能变化曲线

如图 5 – 25 所示,在质量差异平贝母鳞茎正撞情况下,质量损失比随损失能的增加而增大;平贝母质量损失比由大到小的碰撞方向依次为正 – 侧、正 –

正和侧－侧。

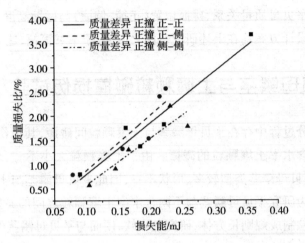

图 5 － 25　质量差异平贝母鳞茎正撞下质量损失比随损失能变化曲线

如图 5 － 26 所示,在质量差异平贝母鳞茎偏撞情况下,质量损失比随损失
能的增加而增大;正－侧碰撞质量损失比大于侧－侧碰撞;损失能大于 0.12 mJ
时,正－侧碰撞质量损失比小于正－正碰撞;损失能小于 0.12 mJ 时,正－侧碰
撞质量损失比介于侧－侧碰撞与正－正碰撞之间。

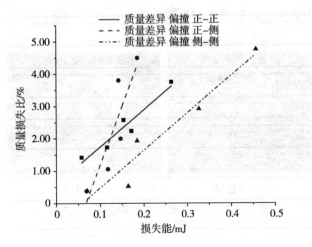

图 5 － 26　质量差异平贝母鳞茎偏撞下质量损失比随损失能变化曲线

除了大平头－大平头、大平头－小平头之外,还有大豆子－桃贝、桃贝－米贝、桃贝－桃贝等8种碰撞关系。由于其质量较小,外形近似球状,因此其影响因素仅需考虑平贝母质量关系、碰撞位置(正撞、偏撞)与碰撞高度3个因素,影响因素和试验设计方案均在上述研究范围之内,限于本书篇幅,这里不做赘述。

5.3 平贝母鳞茎与土壤颗粒碰撞损伤试验

滚筒筛筛分过程中存在平贝母鳞茎与土壤颗粒间碰撞,其损伤主要源于平贝母鳞茎与低含水率土壤颗粒的碰撞。由于土壤颗粒大小不一、形状不同、软硬各异,加之平贝母鳞茎类型较多、形状不一,因此平贝母鳞茎与土壤颗粒的碰撞十分复杂。为研究平贝母鳞茎与不同含水率土壤颗粒之间的碰撞损伤规律,本节将土壤颗粒制成规则长方体,研究土壤软、硬面与平贝母鳞茎的碰撞。

5.3.1 试验材料与方法

(1)试验材料

制备不同含水率土壤,将其填充在事先制作好的盒内压实,并将土壤连同盒体固定在传感器上,如图5－27所示。

本试验的平贝母鳞茎来源、运输、储存方法、无损检测和试验台与平贝母鳞茎间碰撞损伤试验完全相同,不同的是本试验挑选质量相近且无损伤的小平头,质量变化小于0.2 g,如表5－18所示。

(a)正撞　　　　　　　　　(b)偏撞

图5－27　平贝母鳞茎与土壤碰撞位置关系

表5-18 质量相近的平贝母鳞茎统计表

试验号	碰撞平贝母质量/g	试验号	碰撞平贝母质量/g	试验号	碰撞平贝母质量/g	试验号	碰撞平贝母质量/g	试验号	碰撞平贝母质量/g
1	2.77	11	3.04	21	2.89	31	3.01	41	3.03
2	3.03	12	2.89	22	2.92	32	3.00	42	3.01
3	2.85	13	2.97	23	2.92	33	2.92	43	3.04
4	2.91	14	2.99	24	2.85	34	2.9	44	2.94
5	3.03	15	2.96	25	2.93	35	2.9	45	3.08
6	3.02	16	2.95	26	2.77	36	2.99	46	2.96
7	2.93	17	2.97	27	3.08	37	2.95	47	2.97
8	2.95	18	3.04	28	2.87	38	2.95	48	2.98
9	3.05	19	3.06	29	3.04	39	3.03	49	2.86
10	2.98	20	2.91	30	3.09	40	2.92	50	2.85

(2)试验台结构与工作原理

本试验的试验台与平贝母鳞茎间碰撞损伤试验相同。试验前,将碰撞平贝母鳞茎按碰撞方向与棉线黏结,土壤连同盒体与传感器相连,如图5-27所示。试验时,将平贝母鳞茎拉至不同高度与不同含水率土壤碰撞,采用与前文相同的应变传感器和数据采集器采集动态模拟信号,并进行高精度数模转换,将应变传感器的模拟信号转换为数字信号,进而得到实时力值数据,将此数据传输到计算机软件中,实现力值数据的采集、显示、存储和查询。

(3)试验因素与指标

考虑与平贝母鳞茎碰撞的土壤存在变形和质量变化,损失能不能作为平贝母损伤评价指标,本试验以冲量作为试验指标,其测定与计算参照平贝母鳞茎与筛网碰撞损伤试验。除了冲量外,平贝母质量损失比也是评价平贝母损伤的重要指标之一,其计算方法与平贝母鳞茎间碰撞损伤试验相同,平贝母鳞茎着色和损伤处理如图5-28、图5-29所示。考虑平贝母鳞茎与土壤长方体平面的碰撞情况,将碰撞方向、土壤含水率和碰撞高度作为平贝母损伤的影响因素。碰撞高度、碰撞方向水平的选取与平贝母鳞茎间碰撞损伤试验相同。充分考虑土壤软硬程度、土壤块制作的难易和滚筒筛内土壤团聚特性,土壤含水率选取6%~21%。本节试验方案如表5-19和表5-20所示。

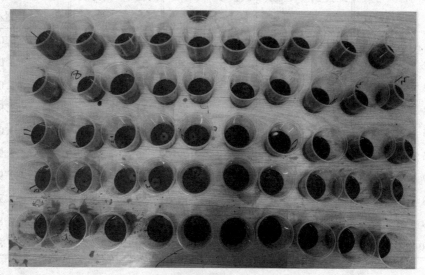

图5-28 碰撞损伤平贝母鳞茎浸泡着色(二)

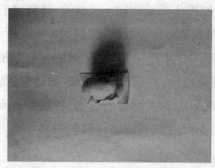

(a)碰撞损伤并着色后   (b)碰撞损伤去除后

图5-29 平贝母鳞茎碰撞损伤处理前后对比(二)

表5-19　平贝母鳞茎与土壤正面碰撞试验方案与结果

序号	土壤含水率/%	碰撞高度/mm	冲量/(N·s⁻¹)	质量损失比/%
1		300	0.0341	1.07
2		600	0.0693	1.61
3	6.03	900	0.1082	2.44
4		1200	0.1155	3.07
5		1500	0.1387	4.32
6		300	0.0359	0.66
7		600	0.0582	1.02
8	11.04	900	0.0840	1.36
9		1200	0.1080	1.61
10		1500	0.1464	1.66
11		300	0.0319	0.33
12		600	0.0512	0.69
13	15.97	900	0.0818	1.35
14		1200	0.1087	1.66
15		1500	0.1301	1.67
16		300	0.0257	0.00
17		600	0.0605	0.34
18	20.99	900	0.0798	0.66
19		1200	0.0837	0.66
20		1500	0.1178	0.69

表5-20　平贝母鳞茎与土壤侧面碰撞试验方案与结果

序号	土壤含水率/%	碰撞高度/mm	冲量/(N·s⁻¹)	质量损失比/%
21		300	0.0321	1.42
22		600	0.0634	1.94
23	6.03	900	0.0829	4.90
24		1200	0.1101	8.05
25		1500	0.1475	7.35

续表

序号	土壤含水率/%	碰撞高度/mm	冲量/(N·s⁻¹)	质量损失比/%
26		300	0.0355	1.32
27		600	0.0669	1.34
28	11.04	900	0.0919	2.73
29		1200	0.1267	2.74
30		1500	0.1484	4.75
31		300	0.0333	0.33
32		600	0.0652	0.68
33	15.97	900	0.0861	0.65
34		1200	0.1135	1.01
35		1500	0.1419	1.37
36		300	0.0259	0.33
37		600	0.0518	0.33
38	20.99	900	0.0747	0.33
39		1200	0.0904	0.97
40		1500	0.1130	1.01

5.3.2　随机区组试验结果与分析

随机区组试验结果如表 5-19 和表 5-20 所示。采用 SPSS 软件对平贝母冲量、质量损失比、平贝母鳞茎与土壤碰撞位置、土壤含水率、碰撞高度进行模型显著性检验、因素方差分析、各主效应不同水平下平贝母鳞茎与土壤碰撞冲量和质量损失比均值及标准误差分析。由表 5-21 可知,冲量和质量损失比方差结果极显著;土壤含水率和碰撞高度对冲量、质量损失比影响极显著;碰撞位置对冲量影响不显著,对质量损失比影响显著。

表5-21　主体间效应检验

源	因变量	Ⅲ类平方和	自由度	均方	F值	P值
模型	冲量	0.007	9	0.001	1405.906	0.000
	质量损失比	0.021	9	0.002	19.872	0.000
碰撞位置	冲量	2.772E-7	1	2.772E-7	0.507	0.482
	质量损失比	0.001	1	0.001	5.806	0.022
土壤含水率	冲量	2.646E-5	3	8.818E-6	16.128	0.000
	质量损失比	0.006	3	0.002	15.584	0.000
碰撞高度	冲量	0.000	4	7.970E-5	145.773	0.000
	质量损失比	0.003	4	0.001	5.758	0.001
误差	冲量	1.695E-5	31	5.468E-7	—	—
	质量损失比	0.004	31	0.000	—	—
总计	冲量	0.007	40	—	—	—
	质量损失比	0.025	40	—	—	—

表5-22　各主效应不同水平下平贝母鳞茎与土壤碰撞冲量和质量损失比均值及标准误差

主效应	水平	观察次数	平贝母鳞茎与土壤碰撞冲量/($N \cdot s^{-1}$)		平贝母鳞茎与土壤碰撞质量损失比/%	
			均值	标准误差	均值	标准误差
碰撞位置	正撞	20	0.013	0.000	0.013	0.002
	偏撞	20	0.013	0.000	0.022	0.002
土壤含水率/%	6.03	10	0.013	0.000	0.036	0.003
	11.04	10	0.013	0.000	0.019	0.003
	15.97	10	0.013	0.000	0.010	0.003
	20.99	10	0.011	0.000	0.010	0.003
碰撞高度/mm	300	8	0.008	0.000	0.007	0.004
	600	8	0.011	0.000	0.011	0.004
	900	8	0.013	0.000	0.018	0.004
	1200	8	0.015	0.000	0.025	0.004
	1500	8	0.017	0.000	0.029	0.004

如表 5 -22 所示,碰撞位置中,偏撞对质量损失比的影响程度大于正撞;土壤含水率中,6.03%、11.04%和15.97%的土壤含水率对冲量的影响程度相近,20.99%的土壤含水率对冲量的影响程度相对较小,质量损失比随土壤含水率的增大而依次减小;碰撞高度中,随着碰撞高度的增大,平贝母鳞茎与土壤碰撞冲量和质量损失比依次增大。

5.3.3 碰撞冲量影响因素分析

不同碰撞位置和土壤含水率下冲量与碰撞高度的回归模型如表 5 - 23 所示。

表 5 -23 不同碰撞位置和土壤含水率下冲量与碰撞高度的回归模型

碰撞位置	土壤含水率/%	回归模型	R^2
正撞	6.03	$y = 0.0080 + 6.4833E - 6x$	0.8582
	11.04	$y = 0.0069 + 6.88E - 6x$	0.9951
	15.97	$y = 0.0064 + 6.71E - 6x$	0.9818
	20.99	$y = 0.0067 + 5.4367E - 6x$	0.8249
偏撞	6.03	$y = 0.00645 + 7.4425E - 6x$	0.9745
	11.04	$y = 0.0075 + 7.0903E - 6x$	0.9757
	15.97	$y = 0.0072 + 6.7472E - 6x$	0.9767
	20.99	$y = 0.0061 + 5.8034E - 6x$	0.9550

如图 5 - 30 和图 5 - 31 所示,平贝母鳞茎与土壤正撞、偏撞冲量与碰撞高度呈正线性相关,其决定系数大于 0.82。虽然表 5 - 23 中存在小于 0.9 的决定系数,但其回归方程也达到了显著水平($P < 0.05$),说明所建立的回归方程可以用来对指标进行预测。碰撞高度相同的条件下,平贝母鳞茎与土壤正撞的冲量随土壤含水率的增大而减小,偏撞的冲量随土壤含水率的增大而先增大后减小,总体呈减小趋势。

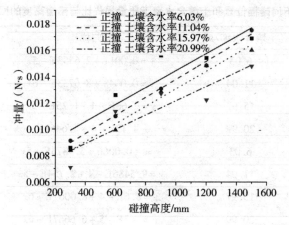

图 5 – 30 不同土壤含水率下平贝母鳞茎与土壤正撞冲量随碰撞高度变化曲线

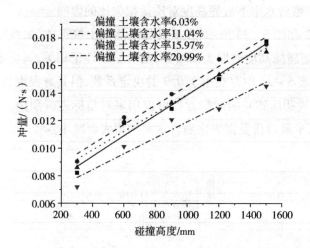

图 5 – 31 不同土壤含水率下平贝母鳞茎与土壤偏撞冲量随碰撞高度变化曲线

5.3.4 质量损失比影响因素分析

不同碰撞位置和土壤含水率下质量损失比与碰撞高度的回归模型如表 5 – 24 所示。

表5-24 不同碰撞位置和土壤含水率下质量损失比与碰撞高度的回归模型

碰撞位置	土壤含水率/%	回归模型	R^2
正撞	6.03	$y = 0.0011 + 2.6553E - 5x$	0.9784
	11.04	$y = 0.0048 + 8.6733E - 6x$	0.9442
	15.97	$y = 2.66E - 4 + 1.25E - 5x$	0.9154
	20.99	$y = -4.12E - 4 + 5.6467E - 6x$	0.8081
偏撞	6.03	$y = -0.0066 + 5.9873E - 5x$	0.8806
	11.04	$y = 9.5486E - 4 + 2.754E - 5x$	0.8663
	15.97	$y = 8.6E - 4 + 8.0067E - 6x$	0.9296
	20.99	$y = -7E - 5 + 6.6667E - 6x$	0.7640

（1）不同土壤含水率下碰撞高度对质量损失比的影响

如图5-32和图5-33所示，在平贝母鳞茎与土壤正撞、偏撞情况下，平贝母质量损失比随碰撞高度的增大而增大，两者呈线性正相关，其决定系数 R^2 大于0.76。虽然表5-24中存在小于0.9的决定系数，但其方程也达到了显著水平（$P < 0.05$），说明所建立的回归方程可以用来对指标进行预测。在碰撞高度一定的条件下，平贝母质量损失比随含水率的增大而减小。

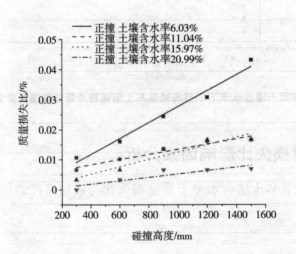

图5-32 不同土壤含水率下平贝母鳞茎与土壤正撞质量损失比随碰撞高度变化曲线

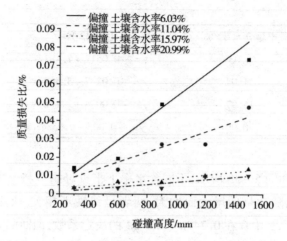

图 5 - 33　不同土壤含水率下平贝母鳞茎与土壤偏撞质量损失比
随碰撞高度变化曲线

（2）碰撞位置对质量损失比的影响

由表 5 - 22 可知，平贝母鳞茎与土壤偏撞的质量损失比均值大于正撞，故平贝母鳞茎与土壤偏撞对质量损失比的影响大于正撞。这是因为平贝母鳞茎正面中间部位中空，与土壤碰撞时起到缓冲作用，故损伤程度小，质量损失相对较小。

5.3.5　质量损失比与冲量回归模型建立

不同碰撞位置和土壤含水率下质量损失比与损失能的回归模型如表 5 - 25 所示。

表 5 - 25　不同碰撞位置和土壤含水率下质量损失比与损失能的回归模型

碰撞位置	土壤含水率/%	回归模型	R^2
正撞	6.03	$y = -0.022 + 3.4019x$	0.7865
	11.04	$y = -0.0036 + 1.2361x$	0.9122
	15.97	$y = -0.0116 + 1.8558x$	0.9700
	20.99	$y = -0.0068 + 0.9833x$	0.8782

续表

碰撞位置	土壤含水率/%	回归模型	R^2
偏撞	6.03	$y = -0.0512 + 7.4914x$	0.7835
	11.04	$y = -0.0237 + 3.5692x$	0.7496
	15.97	$y = -0.0074 + 1.1686x$	0.9231
	20.99	$y = -0.005 + 0.9687x$	0.7987

如图 5 – 34 和图 5 – 35 所示，不同含水率下平贝母鳞茎与土壤正撞和偏撞时，质量损失比均随冲量的增大而增大，两者呈线性正相关，决定系数均大于 0.78。虽然表 5 – 25 中存在 0.7496 ~ 0.8782 的决定系数，但回归方程也达到了显著水平（$P < 0.05$），说明所建立的回归方程可以用来对指标进行预测。在冲量一定的条件下，平贝母质量损失比均随土壤含水率的增大而减小。

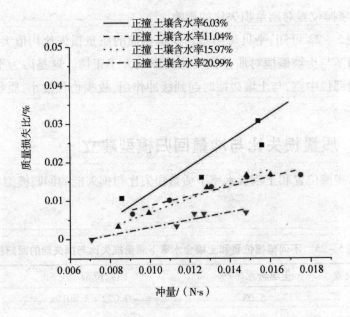

图 5 – 34 不同含水率下平贝母鳞茎与土壤正撞质量损失比随冲量变化曲线

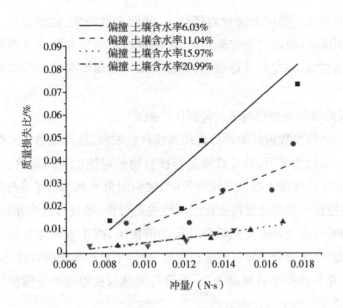

图 5 – 35　不同含水率下平贝母鳞茎与土壤偏撞质量损失比随冲量变化曲线

5.4　筛分过程中滚筒筛参数与平贝母损伤关系的讨论

下面基于滚筒筛内平贝母筛分物的运动规律以及碰撞能量损失和碰撞损伤规律,对滚筒筛参数与平贝母损伤的关系进行讨论。

(1)滚筒转速与平贝母损伤的关系

由平贝母碰撞前动能与损失能、损失能与质量损失比的线性关系以及滚筒转速与碰撞前动能的二次函数关系可得,平贝母质量损失比与滚筒转速呈二次函数关系,质量损失比随滚筒转速的增大而先增大后减小。该结果表明,在滚筒筛直径一定的条件下,并非滚筒转速越大,平贝母碰撞损伤越大,而是存在某一转速,使得平贝母碰撞损伤最大。因此,在满足滚筒筛筛分效率的前提下,确定合理的滚筒转速是减轻平贝母鳞茎间碰撞损伤的有效途径。

(2)碰撞材料与平贝母损伤的关系

由滚筒筛内碰撞能量损失数值模拟分析结果可知,平贝母鳞茎与筛网碰撞的能量损失最大。筛网金属丝直径越小,筛网弹性越大,硬度越小。平贝母鳞茎与筛网碰撞时,根据动能守恒定律,筛网弹性形变带来的能量损失会降低平贝母损失能,进而减轻平贝母损伤。因此,采用金属丝直径小的筛网可减轻平贝母损伤。

(3)滚筒筛结构参数与平贝母损伤的关系

滚筒筛结构参数包括滚筒筛直径和扬料板轴向、径向倾角等。在滚筒筛直径和转速一定的情况下,平贝母鳞茎与接触物的碰撞随径向倾角、轴向倾角的增大而先减少后增加。当径向倾角为0°、轴向倾角为20°时,平贝母碰撞损失能最小,由碰撞损失能与质量损失比的线性关系可得,平贝母损伤亦最小。因此,研制滚筒筛时,在满足滚筒筛筛分效率的前提下,减小滚筒筛直径与合理选取扬料板轴向、径向倾角是降低碰撞损失能、减轻平贝母损伤的有效途径。

此外,筛分物中平贝母的占比、平贝母鳞茎与接触物的碰撞次数等因素都会对平贝母损伤产生一定的影响。

5.5 本章小结

本章通过平贝母鳞茎碰撞损伤试验分析了平贝母损失能、冲量、质量损失比的影响因素,建立了质量损失比与损失能、冲量的回归模型,得到以下结论。

①本章通过平贝母鳞茎与筛网碰撞损伤试验分析了平贝母质量、碰撞高度、碰撞筛网、碰撞次数等因素对损失能和质量损失比的影响,建立了平贝母质量损失比与损失能的回归模型。结果表明:除碰撞次数对损失能影响不显著之外,其余都显著;除平贝母质量对质量损失比影响不显著之外,其余都显著;损失能与平贝母质量呈正线性相关;损失能、质量损失比与碰撞高度呈正线性相关;随着碰撞筛网金属丝直径的增大,损失能和质量损失比增大;随着碰撞次数的增加,质量损失比先减小再增大、最后减小;在不同碰撞高度与碰撞筛网下,平贝母质量损失比与损失能呈正线性相关。

②本章通过平贝母鳞茎间碰撞损伤试验分析了平贝母质量关系、碰撞位置、碰撞方向、碰撞高度对平贝母损失能和质量损失比的影响,构建了不同质量关系、碰撞位置、碰撞方向、碰撞高度与损失能、质量损失比的回归模型,以及损失能与质量损失比的回归模型。结果表明:唯有碰撞方向对质量损失比影响不

显著,其余均显著;不同质量关系、碰撞位置和碰撞方向下,质量损失比、损失能与碰撞高度呈正线性相关,质量损失比与损失能亦呈正线性相关。

③本章通过平贝母鳞茎与土壤颗粒碰撞损伤试验分析了碰撞方向、碰撞高度、土壤含水率对平贝母冲量和质量损失比的影响,创建了不同碰撞位置、土壤含水率下冲量、损失能与碰撞高度的回归模型,以及质量损失比与损失能的回归模型。结果表明:唯有碰撞方向对冲量影响不显著,其余均显著;不同碰撞位置和土壤含水率下,冲量、质量损失比与碰撞高度呈正线性相关,质量损失比与冲量亦呈正线性相关。

6　台架与田间试验研究

6.1　单因素试验

6.1.1　试验材料

本试验材料来自伊春铁力市平贝母鳞茎和土壤(2023 年 7 月)，挖掘表层土下 40 mm 的平贝母鳞茎和土壤混合物，将其放在丝袋中运输到黑龙江八一农垦大学特经作物实验室。依据前文研究中土壤含水率对平贝母鳞茎碰撞损伤的影响规律，对土壤与平贝母鳞茎分别进行试验前处理。将土壤含水率调节为20%，如图 6-1(a)所示，清洗平贝母鳞茎表层的土壤，控水并按试验要求分组称重，如图 6-1(b)所示。

(a)试验前处理的土壤

(b)试验前处理的平贝母鳞茎

图 6-1　试验材料

6.1.2 试验台架

本试验所用的设备主要有滚筒式平贝母筛分试验台(如图6-2所示)、手持式电子秤(最大称重40 kg)、电子秒表、光电转速仪和卷尺等。

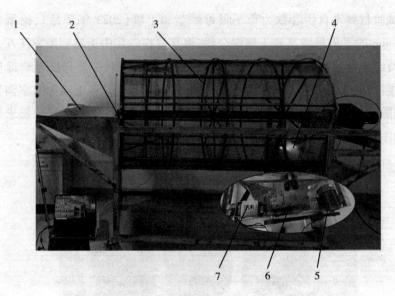

1—入料口;2—机架;3—筛体;4—出料口;

5—1.5 kW 三相异步电机;6—二级减速器;7—变频调速器

图6-2 滚筒式平贝母筛分试验台

滚筒式平贝母筛分试验台主要由入料口、机架、筛体、出料口、1.5 kW 三相异步电机、二级减速器和变频调速器组成。筛体通过轴承及轴承座固定在机架上,通过联轴器与二级减速器连接;二级减速器通过皮带与电机相连;筛网通过螺栓固定在筛体上。试验台尺寸与实际生产使用的滚筒筛一致,其结构和尺寸详见前文,这里不再赘述。根据滚筒筛内平贝母筛分物碰撞能量损失数值模拟研究结果选取相关参数,滚筒筛内扬料板的宽度为0.1 m,轴向倾角为20°,径向倾角为0°,扬料板上粘贴橡胶。为降低平贝母鳞茎损伤,根据平贝母与筛网碰撞损伤试验结果,选取网丝直径为1.0 mm。工作前,对变频调速器调速频率与滚筒转速的对应关系进行标定,如表6-1所示。考虑田间筛分作业中平贝母筛分物喂入量是室内试验的 4 倍,根据相似理论,试验取滚筒式平贝母筛分试验台筛体长度的 1/4 进行试验,将滚筒筛出料端封闭,留出取料口,如图 6 - 3 所示。

表 6 - 1　调速频率与滚筒转速的对应关系

序号	调速频率/Hz	滚筒转速/(r · min^{-1})
1	10	5
2	20	10
3	30	15
4	40	21
5	50	25

图 6 - 3　平贝母滚筒筛分试验单元

工作时,平贝母筛分物由入料口进入筛体,电机带动筛体旋转,平贝母筛分物在筛体旋转和扬料板推动下将筛下物筛分出去,筛上物由出料口收集,滚筒转速参照表 6 - 1 调整。图 6 - 4 显示平贝母滚筒筛分试验单元中平贝母筛分物的运动状态。

图6-4 平贝母滚筒筛分试验单元工作过程

6.1.3 试验指标

滚筒筛参数试验是田间试验之前确定平贝母收获机工作参数的一个重要依据,通过单因素试验对滚筒筛工作过程中的含土率、质量损失比和破碎率进行测定,从而检测滚筒筛结构参数和工作参数是否合理。为了降低平贝母损伤,通过单因素试验分析各因素的变化规律,设计二次回归正交旋转试验,分析试验结果,得到最优工作参数组合,使平贝母质量损失比(其测定与计算方法前文已经阐述)、含土率、破碎率指标达到最佳效果。

(1)含土率

含土率是指样机工作后收集箱中平贝母鳞茎、土壤及其他杂质质量占收集箱中总质量的百分比,其表达式为:

$$L_1 = \frac{Q_1}{Q_1 + Q_2} \times 100\% \qquad (6-1)$$

式中:L_1——含土率,%;

Q_1——土壤及其他杂质质量,kg;

Q_2——平贝母鳞茎质量,kg。

(2)破碎率

平贝母破碎是以平贝母鳞茎不完整、破瓣为标准。平贝母破碎率的表达式为:

$$\xi = \frac{M_h}{M_s} \times 100\% \qquad (6-2)$$

式中：ξ——破碎率，% ；

　　M_h——滚筒筛筛分后破碎平贝母质量，kg；

　　M_s——滚筒筛筛分后平贝母总质量，kg。

6.1.4　单因素试验设计

由前文的理论研究可知，除了滚筒筛结构和运动参数是影响平贝母损伤的主要因素外，实际生产时筛分物中平贝母含量和滚筒筛筛分时间也是影响平贝母损伤的因素，因此本试验确定平贝母百分含量（%）、滚筒转速（r/min）和筛分时间（s）三个影响因素。

（1）平贝母百分含量对试验指标的影响

机械收获筛分物中平贝母百分含量通常为 10%～40% ，此时滚筒转速为15 r/min，筛分时间为 40 s，喂入量共计 1 kg。每组试验重复 3 次，取平均值。

（2）滚筒转速对试验指标的影响

探究滚筒转速对试验指标的影响时，滚筒转速为 5～25 r/min，此时平贝母百分含量为 25% ，喂入量共计 1 kg，筛分时间为 40 s。每组试验重复 3 次，取平均值。

（3）筛分时间对试验指标的影响

根据滚筒转速和预试验中筛分物碰撞次数范围，筛分时间取 20～60 s，此时平贝母百分含量为 25% ，喂入量为 1 kg，滚筒转速为 15 r/min。每组试验重复3 次，取平均值。

通过单因素试验分析，确定各因素变化范围，如表 6-2 所示。

表 6-2　试验因素及变化范围

序号	试验因素	变化范围
1	平贝母百分含量/%	10～40
2	滚筒转速/（r·min^{-1}）	5～25
3	筛分时间/s	20～60

6.1.5　单因素试验结果分析

（1）平贝母百分含量对试验指标的影响

如图 6 - 5 所示，随着平贝母百分含量的增大，含土率先增大后减小，质量损失比和破碎率先减小后增大。当平贝母百分含量为 16% 时，含土率最大，质量损失比和破碎率最小。

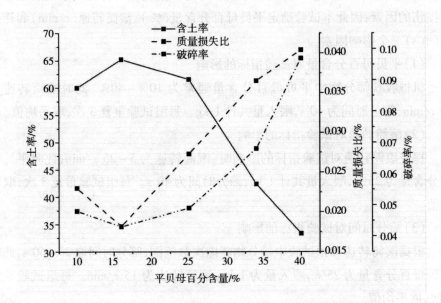

图 6 - 5　平贝母百分含量对含土率、质量损失比和破碎率的影响

（2）滚筒转速对试验指标的影响

如图 6 - 6 所示，随着滚筒转速的增大，含土率先减小再增大后减小，质量损失比先减小再增大后减小，破碎率逐渐增大。

（3）筛分时间对试验指标的影响

如图 6 - 7 所示，随着滚筒筛筛分时间的增加，含土率先增大后减小，质量损失比和破碎率逐渐增大。

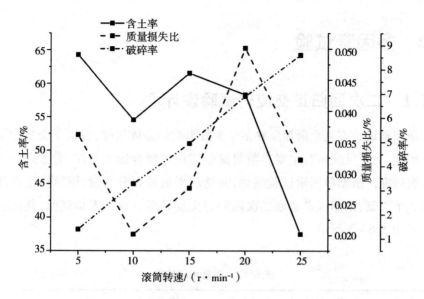

图 6-6 滚筒转速对含土率、质量损失比和破碎率的影响

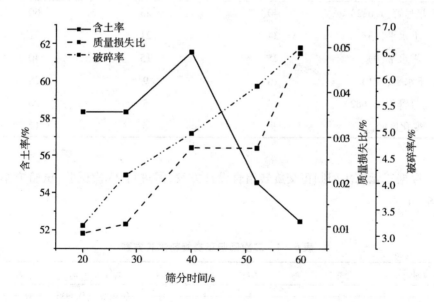

图 6-7 筛分时间对含土率、质量损失比和破碎率的影响

6.2　多因素试验

6.2.1　二次回归正交旋转试验设计

单因素试验不能全面地反映多个参数影响的总体规律,特别是交互作用影响。因此,为了反映所有主要参数对试验指标的联合影响规律,需要进行多因素试验研究。根据单因素试验结果,共选取平贝母百分含量、滚筒转速和筛分时间 3 个因素,依据因素选取二次回归正交旋转组合设计安排试验,其因素水平编码如表 6 - 3 所示。

表 6 - 3　因素水平编码

编码值 z_j	因素水平		
	平贝母百分含量 x_1/%	滚筒转速 x_2/(r·min^{-1})	筛分时间 x_3/s
上星号臂(1.682)	40	25	60
上水平(1)	34	21	52
零水平(0)	25	15	40
下水平(- 1)	16	9	28
下星号臂(- 1.682)	10	5	20
变化区间△	9	6	12

根据三元二次回归正交旋转组合设计方案,需进行 23 次试验,试验方案见表 6 - 4。

表 6 - 4　二次回归正交旋转试验方案

试验号	z_1	z_2	z_3	z_1z_2	z_1z_3	z_2z_3	z_1^2	z_2^2	z_3^2
1	1	1	1	1	1	1	0.406	0.406	0.406
2	1	1	- 1	1	- 1	- 1	0.406	0.406	0.406
3	1	- 1	1	- 1	1	- 1	0.406	0.406	0.406
4	1	- 1	- 1	- 1	- 1	1	0.406	0.406	0.406

续表

试验号	z_1	z_2	z_3	z_1z_2	z_1z_3	z_2z_3	z_1^2	z_2^2	z_3^2
5	−1	1	1	−1	−1	1	0.406	0.406	0.406
6	−1	1	−1	−1	1	−1	0.406	0.406	0.406
7	−1	−1	1	1	−1	−1	0.406	0.406	0.406
8	−1	−1	−1	1	1	1	0.406	0.406	0.406
9	1.682	0	0	0	0	0	2.234	−0.594	−0.594
10	−1.682	0	0	0	0	0	2.234	−0.594	−0.594
11	0	1.682	0	0	0	0	−0.594	2.234	−0.594
12	0	−1.682	0	0	0	0	−0.594	2.234	−0.594
13	0	0	1.682	0	0	0	−0.594	−0.594	2.234
14	0	0	−1.682	0	0	0	−0.594	−0.594	2.234
15	0	0	0	0	0	0	−0.594	−0.594	−0.594
16	0	0	0	0	0	0	−0.594	−0.594	−0.594
17	0	0	0	0	0	0	−0.594	−0.594	−0.594
18	0	0	0	0	0	0	−0.594	−0.594	−0.594
19	0	0	0	0	0	0	−0.594	−0.594	−0.594
20	0	0	0	0	0	0	−0.594	−0.594	−0.594
21	0	0	0	0	0	0	−0.594	−0.594	−0.594
22	0	0	0	0	0	0	−0.594	−0.594	−0.594
23	0	0	0	0	0	0	−0.594	−0.594	−0.594

6.2.2　二次回归正交旋转试验结果与分析

二次回归正交旋转试验结果如表 6−5 所示。

表6-5　二次回归正交旋转试验结果

试验号	平贝母百分含量 x_1/%	滚筒转速 x_2/(r·min⁻¹)	筛分时间 x_3/s	质量损失比 y_1/%	破碎率 y_2/%	含土率 y_3/%
1	34	21	52	5.21	12.58	32.00
2	34	21	28	3.39	10.42	37.04
3	34	9	52	4.19	4.93	46.88
4	34	9	28	2.94	3.47	63.83
5	16	21	52	3.63	5.57	60.98
6	16	21	28	2.81	3.68	38.46
7	16	9	52	3.05	3.78	65.22
8	16	9	28	2.74	2.01	73.77
9	40	15	40	5.68	8.53	33.33
10	10	15	40	3.25	6.24	60.00
11	25	25	40	5.88	9.00	54.55
12	25	5	40	3.14	2.25	64.29
13	25	15	60	3.64	7.10	52.47
14	25	15	20	2.14	3.39	58.33
15	25	15	40	3.15	4.74	61.54
16	25	15	40	2.41	5.25	64.29
17	25	15	40	2.47	4.76	61.54
18	25	15	40	2.95	4.34	54.55
19	25	15	40	2.82	6.09	64.29
20	25	15	40	2.93	4.97	64.29
21	25	15	40	2.05	3.54	66.67
22	25	15	40	2.93	4.86	64.29
23	25	15	40	2.06	6.01	44.44

（1）回归模型的建立与检验

用 Design – Expert 软件对质量损失比、破碎率和含土率回归方程方差进行分析,结果见表 6 – 6。由表 6 – 6 可知,失拟项显著性水平均大于 0.05,不显著,说明回归方程拟合得好。三个模型的显著性水平均小于 0.01,说明回归方程极显著,因此该二次回归正交旋转试验设计是有意义的,方程合理。

表 6 – 6　质量损失比、破碎率和含土率方差分析结果

项目	模型	平方和	自由度	均方	F 值	P 值
质量损失比	回归	2.079E – 003	9	2.310E – 004	8.47	0.0004
	残差	3.545E – 004	13	2.727E – 005	—	—
	失拟	2.222E – 004	5	4.444E – 005	2.69	0.1031
	误差	1.323E – 004	8	1.654E – 005	—	—
	总和	2.433E – 003	22	—	—	—
破碎率	回归	0.013	9	1.447E – 003	13.29	< 0.0001
	残差	1.416E – 003	13	1.089E – 004	—	—
	失拟	9.197E – 004	5	1.839E – 004	2.97	0.0833
	误差	4.962E – 004	8	6.203E – 005	—	—
	总和	0.014	22	—	—	—
含土率	回归	0.2399	9	0.0267	5.61	0.0028
	残差	0.0618	13	0.0048	—	—
	失拟	0.0228	5	0.0046	0.9322	0.5081
	误差	0.0391	8	0.0049	—	—
	总和	0.3017	22	—	—	—

如表 6 – 7 所示,用 Design – Expert 软件对回归系数进行 T 检验,常数项系数和一次、二次项系数值均在 95% IC 上、下限范围内,系数均显著。

表 6-7　质量损失比、破碎率和含土率回归方程回归系数检查结果(95%)

检验对象	检验项目	回归系数	自由度	标准差	95% IC 下限	95% IC 上限
	Intercept	0.027	1	1.740E-003	0.023	0.030
	A	5.555E-003	1	1.413E-003	2.502E-003	8.608E-003
	B	4.927E-003	1	1.413E-003	1.874E-003	7.979E-003
	C	4.923E-003	1	1.413E-003	1.870E-003	7.975E-003
质量损失比	AB	1.025E-003	1	1.846E-003	-2.964E-003	5.014E-003
	AC	2.425E-003	1	1.846E-003	-1.564E-003	6.414E-003
	BC	1.350E-003	1	1.846E-003	-2.639E-003	5.339E-003
	A^2	5.329E-003	1	1.310E-003	2.499E-003	8.160E-003
	B^2	5.488E-003	1	1.310E-003	2.658E-003	8.319E-003
	C^2	-2.391E-004	1	1.310E-003	-3.069E-003	2.591E-003
	Intercept	0.050	1	3.477E-003	0.042	0.057
	A	0.015	1	2.824E-003	8.698E-003	0.021
	B	0.022	1	2.824E-003	0.015	0.028
	C	7.307E-003	1	2.824E-003	1.206E-003	0.013
破碎率	AB	0.014	1	3.690E-003	5.954E-003	0.022
	AC	4.375E-003	1	3.690E-003	-3.596E-003	0.012
	BC	5.450E-003	1	3.690E-003	-2.521E-003	0.013
	A^2	7.882E-003	1	2.618E-003	2.226E-003	0.014
	B^2	1.659E-003	1	2.618E-003	-3.997E-003	7.316E-003
	C^2	3.158E-004	1	2.618E-003	-5.340E-003	5.972E-003

续表

检验对象	检验项目	回归系数	自由度	标准差	95%IC 下限	95%IC 上限
	Intercept	0.6068	1	0.023	0.5572	0.6564
	A	−0.0758	1	0.0187	−0.1161	−0.0355
	B	−0.0715	1	0.0187	−0.1118	−0.0312
	C	−0.0131	1	0.0187	−0.0534	0.0272
含土率	AB	−0.0026	1	0.0244	−0.0553	0.00500
	AC	−0.0449	1	0.0244	−0.0976	0.0077
	BC	0.0537	1	0.0244	0.0011	0.1064
	A^2	−0.0518	1	0.0173	−0.0892	−0.0144
	B^2	−0.0067	1	0.0173	−0.0441	0.0306
	C^2	−0.0209	1	0.0173	−0.0583	0.0164

(2)滚筒转速和平贝母百分含量对质量损失比、破碎率、含土率的影响效应分析

根据质量损失比和破碎率回归方程,取 $x_3 = 0$,得到编码空间内滚筒转速和平贝母百分含量与质量损失比、破碎率、含土率的关系分别为:

$$y_{11} = 0.027 + 5.555E - 003x_1 + 4.927E - 003x_2 + 1.025E - 003x_1x_2 +$$
$$5.329E - 003x_1^2 + 5.488E - 003x_2^2$$

$$(6-5)$$

$$y_{21} = 0.050 + 0.015x_1 + 0.022x_2 + 0.014x_1x_2 + 7.882E - 003x_1^2 +$$
$$1.659E - 003x_2^2$$

$$(6-6)$$

$$y_{31} = 0.6068 - 0.0758x_1 - 0.0715x_2 - 0.0026x_1x_2 - 0.0518x_1^2 - 0.0067x_2^2$$

$$(6-7)$$

图 6-8、图 6-9、图 6-10 分别为编码空间内滚筒转速和平贝母百分含量与质量损失比、破碎率、含土率的关系曲线。从图中可以看出,在平贝母百分含量一定的情况下,随着滚筒转速的增大,平贝母质量损失比先下降,然后在一定

范围内变化趋缓,而后又上升,平贝母破碎率升高,含土率降低,这与单因素试验的变化趋势一致;在滚筒转速一定的情况下,随着平贝母百分含量的增大,平贝母质量损失比也是先下降,然后在一定范围内变化趋缓,而后又上升,破碎率升高,含土率降低。

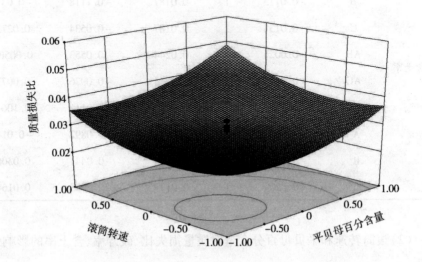

图 6 - 8 滚筒转速和平贝母百分含量对质量损失比的影响

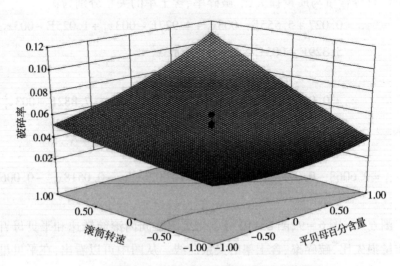

图 6 - 9 滚筒转速和平贝母百分含量对破碎率的影响

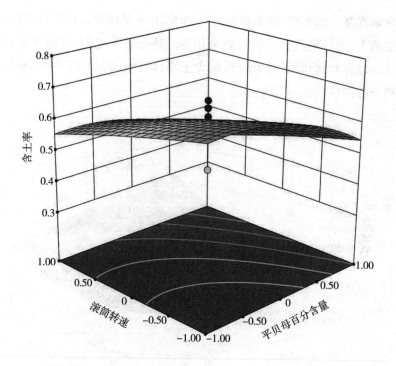

图6-10　滚筒转速和平贝母百分含量对含土率的影响

（3）筛分时间和平贝母百分含量对质量损失比、破碎率的影响效应分析

根据质量损失比和破碎率回归方程，取 $x_2 = 0$，得到编码空间内筛分时间和平贝母百分含量与质量损失比、破碎率的关系分别为：

$$y_{12} = 0.027 + 5.555E - 003x_1 + 4.923E - 003x_3 + 2.425E - 003x_1x_3 +$$
$$5.329E - 003x_1^2 - 2.391E - 004x_3^2$$

$$(6-8)$$

$$y_{22} = 0.050 + 0.015x_1 + 7.307E - 003x_3 + 4.375E - 003x_1x_3 +$$
$$7.882E - 003x_1^2 + 3.158E - 004x_3^2$$

$$(6-9)$$

图6-11、图6-12分别为编码空间内筛分时间和平贝母百分含量与质量损失比、破碎率的关系曲线。从图中可以看出，当筛分时间固定在某一水平时，随着平贝母百分含量的增大，平贝母质量损失比先下降，然后在一定范围内变化趋缓，而后又上升，破碎率增大，这与单因素试验的变化趋势一致；当平贝母

百分含量在某一水平时,随着筛分时间的增加,平贝母质量损失比缓慢增大,破碎率也增大,这与单因素试验的结果相符。筛分时间越短,对减少平贝母的损伤和破碎越有利,但时间过短会影响含土率,因此在实际生产中要根据生产率确定筛分时间。

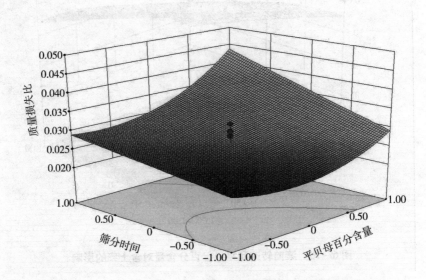

图 6-11 筛分时间和平贝母百分含量对质量损失比的影响

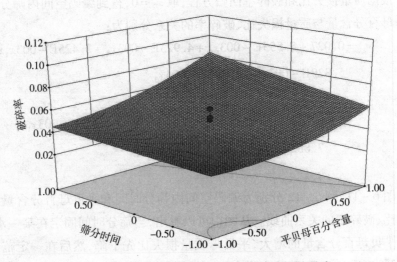

图 6-12 筛分时间和平贝母百分含量对破碎率的影响

（4）滚筒转速和筛分时间对质量损失比、破碎率的影响效应分析

根据质量损失比和破碎率回归方程，取 $x_1 = 0$，得到编码空间内滚筒转速和筛分时间与质量损失比、破碎率的关系分别为：

$$y_{13} = 0.027 + 4.927\mathrm{E} - 003x_2 + 4.923\mathrm{E} - 003x_3 + 1.350\mathrm{E} - 003x_2 x_3 +$$
$$5.488\mathrm{E} - 003x_2^2 - 2.391\mathrm{E} - 004x_3^2$$

$$(6-10)$$

$$y_{23} = 0.050 + 0.022x_2 + 7.307\mathrm{E} - 003x_3 + 5.450\mathrm{E} - 003x_2 x_3 +$$
$$1.659\mathrm{E} - 003x_2^2 + 3.158\mathrm{E} - 004x_3^2$$

$$(6-11)$$

图 6-13、图 6-14 分别为编码空间内滚筒转速和筛分时间与质量损失比、破碎率的关系曲线。从图中可以看出，当筛分时间固定在某一水平时，随着滚筒转速的增大，平贝母质量损失比先是下降，然后在一定范围内变化趋缓，而后又上升，这与单因素试验的变化趋势一致；当滚筒转速固定在某一水平时，随着筛分时间的增加，平贝母质量损失比缓慢增大，这与单因素试验结果相符。

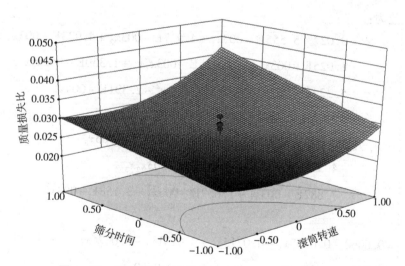

图 6-13 筛分时间和滚筒转速对质量损失比的影响

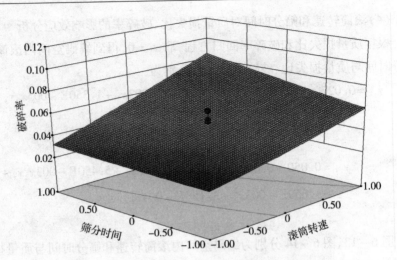

图 6 - 14　筛分时间和滚筒转速对破碎率的影响

6.2.3　MATLAB 参数优化

运用 MATLAB 软件对质量损失比、破碎率和含土率回归方程进行优化,目标函数为:

$$y_1 = 0.027 + 5.555E - 003x_1 + 4.927E - 003x_2 + 4.923E - 003x_3 +$$
$$1.025E - 003x_1x_2 + 2.425E - 003x_1x_3 + 1.350E - 003x_2x_3 +$$
$$5.329E - 003x_1^2 + 5.488E - 003x_2^2 - 2.391E - 004x_3^2$$

$$(6 - 12)$$

$$y_2 = 0.050 + 0.015x_1 + 0.022x_2 + 7.307E - 003x_3 + 0.014x_1x_2 +$$
$$4.375E - 003x_1x_3 + 5.450E - 003x_2x_3 +$$
$$7.882E - 003x_1^2 + 1.659E - 003x_2^2 + 3.158E - 004x_3^2$$

$$(6 - 13)$$

$$y_3 = 0.6068 - 0.0758x_1 - 0.0715x_2 - 0.0131x_3 - 0.0026x_1x_2 - 0.0449x_1x_3 +$$
$$0.0537x_2x_3 - 0.0518x_1^2 - 0.0067x_2^2 - 0.0209x_3^2$$

$$(6 - 14)$$

其中约束条件为:

$$s.t \begin{cases} -1.682 \leqslant x_1 \leqslant 1.682 \\ -1.682 \leqslant x_2 \leqslant 1.682 \\ -1.682 \leqslant x_3 \leqslant 1.682 \end{cases} \tag{6-15}$$

优化求解结果为：①$x_1 = -0.1163$，$x_2 = -0.2312$，$x_3 = -1.6819$，$fav_1 =$ 0.0177，转化为真实值，平贝母百分含量为 22.92%、滚筒转速为 14.30 r/min、筛分时间为 20 s 时，最小质量损失比可达到 1.77%；②$x_1 = 1.0089$，$x_2 =$ -1.6820，$x_3 = -1.6817$，$fav_2 = 0.0137$，转化为真实值，平贝母百分含量为 23%、滚筒转速为 5 r/min、筛分时间为 20 s 时，破碎率可达到 1.37%；③$x_1 =$ 1.6820，$x_2 = 1.6820$，$x_3 = 1.6820$，$fav_3 = 0.1299$，转化为真实值，平贝母百分含量为 40%、滚筒转速为 25 r/min、筛分时间为 60 s 时，含土率可达到 12.99%。

6.2.4　最优组合的综合评价

采用枚举法(穷举法或暴力搜索法)在设置好的影响因素范围内按要求逐个尝试所有解，找出符合条件的解，该方法简单、易操作，但求解规模不宜过大。根据单因素变化规律，影响因素的上下限范围进一步缩小为：平贝母百分含量为 $-1.682 \sim 0$，滚筒转速为 $-1.682 \sim 0$，筛分时间为 $-1.682 \sim 0$。设置递进 0.05，按照行业标准，设置质量损失比、破碎率均小于 5%，进行循环求解，得到含土率为 42.87%，破碎率为 4.84%，质量损失比为 3.06%，对应的最优解 $x_1 = -1.682$，$x_2 = -0.032$，$x_3 = -1.682$。转化为真实值：平贝母百分含量为 10%，滚筒转速为 14.8 r/min，筛分时间为 20 s。具体运行程序见附录。

6.3　田间试验

6.3.1　试验方法

本试验在黑龙江省伊春市丰林县清水河平贝母种植基地进行，如图 6-15 所示。其土壤类型为富含腐殖质的黑钙土，在较高含水率下具有很强的黏性。试验前，将每 50 m 设定为一个试验单位，其中前 10 m 设置为挖掘入土非稳定区，后 10 m 设置为出土非稳定区，中间 30 m 为试验测定区。

图 6-15   收获前地表基本情况

试验前对地表的基本情况进行测试,在测定区内采用四边形取样法对田间土壤样本进行采样,分别对表土覆盖层下土壤与松土处理土壤进行取样,测定其含水率,如图 6-16 所示。

图 6-16   土壤的取样及含水率的测定

由表 6-8 可知,随着自然晾晒时间的增加,土壤含水率逐渐降低,土壤晾晒 4 h 后土壤水率可以达到 25.83%,此含水率为土壤团聚快慢的临界含水率,此时开始进行平贝母筛分。

表 6-8　土壤含水率测定值

序号	土壤情况	取样干重/g	含水率/%
1	表土覆盖层下土样	38.99	30.68
2	剥离表土并松土晾晒 1 h 后土样	40.41	29.92
3	剥离表土并松土晾晒 2 h 后土样	40.09	28.87
4	剥离表土并松土晾晒 3 h 后土样	38.81	27.49
5	剥离表土并松土晾晒 4 h 后土样	41.38	25.83
6	剥离表土并松土晾晒 5 h 后土样	34.88	23.91

6.3.2　试验装备

如图 6-17 所示,田间试验所用的平贝母畦面表土剥离机配套动力为 354 拖拉机,滚筒式平贝母筛分机配套动力为 554 拖拉机。平贝母畦面表土剥离机完成剥离表层覆盖土和松土工作。滚筒式平贝母筛分机完成平贝母筛分物的升运、筛分和筛上物收集等工作。

(a)平贝母畦面表土剥离机　　　(b)滚筒式平贝母筛分机
图 6-17　两段法平贝母收获机作业现场

将两段法平贝母收获机的各参数调整为最佳参数,针对整机工作性能和作业质量进行田间试验,主要参数见表 6-9 和表 6-10。

表6-9　平贝母畦面表土剥离机作业参数

作业速度/（km·h⁻¹）	表土剥离深度/mm	作业幅宽/mm	松土勾间距/mm	松土深度/mm
0.62	40	1200	100（两排交错布置）	60

表6-10　滚筒式平贝母筛分机作业参数

作业速度/（km·h⁻¹）	升运链转速/（r·min⁻¹）	作业幅宽/mm	滚筒转速/（r·min⁻¹）	滚筒直径/mm
0.62	180	1300	5～30（可调）	1300

6.3.3　试验结果与分析

图6-18为平贝母畦面表土剥离机作业效果及表土剥离宽度、深度的测量。

（a）作业效果　　　　　　（b）表土剥离宽度、深度测量

图6-18　平贝母畦面表土剥离机作业效果及表土剥离宽度、深度的测量

图6-19所示为松土后的平贝母土壤混合层，经自然晾晒4 h后，对其含水率进行测定，并随机选取200 mm×200 mm的土壤。图6-20所示为现场挖取土壤并用标准孔筛（孔筛直径分别为1 mm、2 mm、5 mm、10 mm和20 mm）做筛分试验。

（a）土壤含水率测定　　　　（b）土样选取

图6-19　土壤含水率测定及土样选取

（a）土样采集　　　　　　（b）土样筛分

图6-20　土样采集与筛分

平贝母畦面表土剥离机测试参数与结果如表6-11所示。

表6-11　平贝母畦面表土剥离机测试参数与结果

序号	作业项目	测试结果
1	外分土间距/mm	1800
2	内分土间距/mm	1200
3	表土剥离厚度/mm	40
4	松土厚度/mm	60
5	土壤颗粒占比（粒径大于20 mm）/%	16
6	土壤颗粒占比（粒径为10~20 mm）/%	11
7	土壤颗粒占比（粒径为5~10 mm）/%	10

续表

序号	作业项目	测试结果
8	土壤颗粒占比(粒径为2~5 mm)/%	17
9	土壤颗粒占比(粒径为1~2 mm)/%	9
10	土壤颗粒占比(粒径为0~1 mm)/%	38
11	土壤含水率/%	24.9
12	平贝母百分含量/%	20~25

图6-21所示为滚筒式平贝母筛分机的筛上物。将采收后的平贝母筛上物清洗掉多余土壤和其他杂质,人工挑选出破碎的平贝母,并采用破碎平贝母占平贝母总质量的百分数来确定实际收获平贝母的破碎率。

图6-21 滚筒式平贝母筛分机的筛上物

试验参照《农业机械试验条件 测定方法的一般规定》(GB/T 5262—2008)、《农业机械 生产试验方法》(GB/T 5667—2008)和《马铃薯收获机 质量评价技术规范》(NY/T 648—2015),考核作业效率、含土率、破碎率和损失率,结果如表6-12所示。

表 6 - 12　测定结果与行业标准的比较

项目	性能指标	测定结果
作业效率/(hm² · h⁻¹)	—	0.08
含土率/%	—	54.50
破碎率/%	≤5	3.59
损失率/%	≤10	4.11

田间试验与室内台架试验的含土率差异较大,其原因是台架试验所取的喂入量和田间实际喂入量差异大。将平贝母田间试验的破碎率与优化试验值对比,相差 34.82%,造成此差异的原因是台架试验的平贝母百分含量和喂入量与田间实际不同。田间试验结果表明,在滚筒式平贝母筛分机前进速度为 0.62 km/h 的条件下,筛上物含土率为 54.50%,平贝母破碎率为 3.59%,收获损失率为 4.11%,满足平贝母收获作业要求。

6.4　本章小结

本章搭建滚筒筛试验台架,分析了平贝母质量损失比、破碎率和含土率随平贝母百分含量、滚筒转速、筛分时间变化的规律,并进行了田间试验,得到以下结论。

①本章以平贝母质量损失比、破碎率和含土率为试验指标,以平贝母百分含量、滚筒转速、筛分时间为影响因素,进行单因素试验。试验结果表明:随着平贝母百分含量的增大,质量损失比、破碎率先减小后增大,含土率先增大后减小;随着滚筒转速的增大,含土率和质量损失比先减小再增大后减小,破碎率逐渐增大;随着滚筒筛筛分时间的增加,含土率先增大后减小,质量损失比和破碎率逐渐增大。

②本章以平贝母质量损失比、破碎率和含土率为试验指标,以平贝母百分含量、滚筒转速、筛分时间为因素进行二次回归正交旋转试验;运用 MATLAB 软件得到各试验指标最优值;采用枚举法获得各指标权衡的最佳参数组合。结果表明:平贝母百分含量为 22.92%、滚筒转速为 14.3 r/min、筛分时间为 20 s 时,最小质量损失比为 1.77%;平贝母百分含量为 23.00%、滚筒转速为 5.0 r/min、

筛分时间为 20 s 时,最小破碎率为 1.37% ;平贝母百分含量为 40.00%、滚筒转速为 25.0 r/min、筛分时间为 60 s 时,最小含土率为 12.99%。综合评价结果得到,平贝母百分含量为 10.00%、滚筒转速为 14.8 r/min、筛分时间为 20 s 时,最优含土率、破碎率、质量损失比组合指标为 42.87%、4.84% 和 3.06%。

③本章改进滚筒筛结构,调整两段法平贝母收获机的各项工作参数。田间试验结果表明,在机具前进速度为 0.62 km/h 时,滚筒式平贝母筛分机筛上物含土率为 54.50%,平贝母破碎率为 3.59%,收获损失率为 4.11%,满足平贝母收获作业要求。

附　　录

基于枚举法的指标评价程序

一、C 语言程序

```
#include < stdio. h >
#include < math. h >
double calculate_Y( double x,double y,double z)  {
    double Y = 0. 027 + 5. 555E - 003 * x + 4. 927E - 003 * y + 4. 923E - 003 * z +
1. 025E - 003 * x * y + 2. 425E - 003 * z * z + 1. 350E - 003 * y * z +
5. 329E - 003 * x * x + 5. 488E - 003 * y * y - 2. 391E - 004 * z * z;
    return Y;
}

    double calculate_C( double x,double y,double z)  {
    double C = 0. 050 + 0. 015 * x + 0. 022 * y + 7. 307E - 003 * z + 0. 014 * x * y +
4. 375E - 003 * z * z + 5. 450E - 003 * y * z + 7. 882E - 003 * x * x +
1. 659E - 003 * y * y + 3. 158E - 004 * z * z;
    return C;
}


double calculate_H( double x,double y,double z)  {
    double H = 0. 6068 - 0. 0758 * x - 0. 0715 * y - 0. 0131 * z - 0. 0026 * x * y -
0. 0449 * x * z + 0. 0537 * y * z - 0. 0518 * x * x - 0. 0067 * y * y - 0. 0209 * z * z;
;
    return H;
}
int main( )  {
    double x,y,z;
    double x_range[2] = { - 1. 682,0} ;
    double y_range[2] = { - 1. 682,0} ;
```

```
double z_range[2] = {-1.682,0};
double min_H = calculate_H(x_range[1],y_range[1],z_range[1]);//初始
```
化最小值为取值范围下限的 H 值
```
double min_x = x_range[1];
double min_y = y_range[1];
double min_z = z_range[1];
for(x = x_range[0];x < = x_range[1];x + = 0.05) {
    for(y = y_range[0];y < = y_range[1];y + = 0.05) {
        for(z = z_range[0];z < = z_range[1];z + = 0.05) {
            double Y = calculate_Y(x,y,z);
            double C = calculate_C(x,y,z);
            double H = calculate_H(x,y,z);
            if(Y < = 0.05 && C < = 0.05 && H < min_H) {
                min_H = H;
                min_x = x;
                min_y = y;
                min_z = z;
            }
        }
    }
}
printf("符合条件的 x、y、z 值为:\n");
printf("x = % lf,y = % lf,z = % lf\n",min_x,min_y,min_z);
printf("H 的最小值为:% lf\n",min_H);
return 0;
}
```

二、MATLAB 部分程序

(一)含土率

fun = @ (x,y,z)0.6068 - 0.0758 * x - 0.0715 * y - 0.0131 * z - 0.0026 * x * y -

$0.0449 * x * z + 0.0537 * y * z - 0.0518 * x * x - 0.0067 * y * y -$

$0.0209 * z * z;$%更改方差

$objfun = @ (x) fun(x(1), x(2), x(3));$%定义变量个数及名

$x0 = [0, 0, 0];$%计算起始点(一般情况下不用修改)

$A = [ ];$

$b = [ ];$

$Aeq = [ ];$

$beq = [ ];$

$ib = [-1.682 \ -1.682 \ -1.682];$%x1,x2,x3 变量下限

$ub = [1.682 \ 1.682 \ 1.682];$%x1,x2,x3 变量上限

$[x, fval] = fmincon(objfun, x0, A, b, Aeq, beq, ib, ub)$%程序主体不可修改

(二)质量损失比

$fun = @ (x, y, z)0.027 + 5.555E - 003 * x + 4.927E - 003 * y +$

$4.923E - 003 * z + 1.025E - 003 * x * y + 2.425E - 003 * x * z + 1.350E - 003 * y * z +$

$5.329E - 003 * x^2 + 5.488E - 003 * y^2 - 2.391E - 004 * z^2;$%更改方差

$objfun = @ (x) fun(x(1), x(2), x(3));$%定义变量个数及名

$x0 = [0, 0, 0];$%计算起始点(一般情况下不用修改)

$A = [ ];$

$b = [ ];$

$Aeq = [ ];$

$beq = [ ];$

$ib = [-1.682 \ -1.682 \ -1.682];$%x1,x2,x3 变量下限

$ub = [1.682 \ 1.682 \ 1.682];$%x1,x2,x3 变量上限

$[x, fval] = fmincon(objfun, x0, A, b, Aeq, beq, ib, ub)$%程序主体不可修改

(三)破损率

$fun = @ (x, y, z)0.050 + 0.015 * x + 0.022 * y + 7.307E - 003 * z +$

$0.014 * x * y + 4.375E - 003 * z * z + 5.450E - 003 * y * z + 7.882E - 003 * x^2 +$

$1.659E - 003 * y^2 + 3.158E - 004 * z^2;$%更改方差

```
objfun = @ ( x ) fun( x( 1 ) ,x( 2 ) ,x( 3 ) ) ;% 定义变量个数及名
x0 = [ 0,0,0 ] ;% 计算起始点( 一般情况下不用修改 )
A = [ ] ;
b = [ ] ;
Aeq = [ ] ;
beq = [ ] ;
ib = [ -1.682  -1.682  -1.682 ] ;% x1,x2,x3 变量下限
ub = [ 1.682 1.682 1.682 ] ;% x1,x2,x3 变量上限
[ x,fval ] = fmincon( objfun,x0,A,b,Aeq,beq,ib,ub )% 程序主体不可修改
```

参考文献

[1] 刘兴权.平贝母细辛无公害高效栽培与加工[M].北京:金盾出版社,2003.

[2] 孙霖生,胡军,宋江,等.平贝母播种机的设计与试验[J].农机使用与维修,2022(10):8-10,15.

[3] 赵建秋.基于EDEM的平贝母覆土部件性能研究及试验验证[D].大庆:黑龙江八一农垦大学,2023.

[4] 宋江,田帅,张强,等.筛揉组合式平贝母高效分离装置设计与试验[J].中国农机化学报,2023,44(9):96-103.

[5] 孙丽娜,崔晓蕊,张国权.平贝母人工栽培技术[J].现代农业科技,2019(19):76,78.

[6] 刘兴权,常维春,刘鹏举.平贝母栽培技术(5)[J].特种经济动植物,2000(1):33.

[7] 贾明艳,杨茂桦,彭露琳,等.光化学比色传感器阵列用于贝母的快速鉴别[J].分析化学,2021,49(3):424-431.

[8] 宋江,王明.平贝母机械化收获技术研究[M].哈尔滨:哈尔滨工程大学出版社,2013.

[9] 李三平,包纹全,吴立国.平贝母收获挖掘设备研究现状与发展趋势[J].中国农机化学报,2022,43(9):201-209.

[10] 宋江,王明.平贝母鳞茎力学特性试验[J].湖北农业科学,2013(13):3072-3074.

[11] 卢松卓,张伟,宋江.平贝母筛分物物理机械特性分析与等级筛分机设计[J].中国农机化学报,2013,34(5):141-145.

[12] 沓凯,王维新.果品的冲击损伤研究现状及发展趋势[J].农机化研究,2010,32(1):233-235.

[13] SONG J,WANG Y S,TIAN S,et al. Analysis of impact damage of *Fritillaria ussuriensis Maxim* using a free drop experimental study[J]. International journal of food properties,2023,26(1):1374-1389.

[14] 程立杰,宋宝昌,蔡秀华,等.SBC-1型平贝收获机的研制[J].林业机械与木工设备,2005(1):24-25.

[15] 宋江,刘丽华,韩晓东.平贝母收获机:201720499746.0[P].2017-12-01.

[16] 宋江,衣淑娟,刘丽华.两段式平贝母收获机:201910947477.3[P].2019 - 12 - 06.

[17] 王志林,宋江,赵伟东,等.平贝母畦面覆土机:202022743437.8[P]. 2021 - 09 - 24.

[18] 吴立国,李三平,苗振坤,等.一种平贝母鳞茎采收机械的筛分装置: 201921766691.0[P].2020 - 06 - 16.

[19] 王密.4B - 1200型平贝母收获机关键部件优化设计与试验[D].大庆:黑 龙江八一农垦大学,2017.

[20] 李三平,胡浩浩,吴立国.平贝母收获机滚筒筛的优化设计及仿真分析 [J].农机化研究,2022,44(11):46 - 53.

[21] 李三平,吴立国,魏新龙,等.平贝母鳞茎碰撞损伤试验研究及有限元分析 [J].农机化研究,2021,43(10):126 - 131.

[22] 彭涛,王佳,何庆中,等.组合式滚筒冷渣机灰渣运动规律研究[J].热能动 力工程,2020,35(5):119 - 127.

[23] 彭涛,何庆中,王佳,等.组合式滚筒冷渣机中颗粒径向扩散运动研究[J]. 热力发电,2019,48(12):69 - 74.

[24] 何庆中,赖镜安,王佳,等.基于 EDEM - FLUENT 耦合的滚筒冷渣机颗粒 轴向扩散运动[J].科学技术与工程,2022,22(3):1004 - 1010.

[25] 王漫漫,何庆中,王佳,等.滚筒内灰渣停留时间的数值模拟实验[J].科学 技术与工程,2022,22(9):3551 - 3556.

[26] 蔡玉良,杨学权,丁晓龙,等.滚筒筛内物料运动过程的分析[J].水泥工 程,2010(2):5 - 8.

[27] 李腾飞,林蜀勇,张博,等.不同转速率下球磨机内钢球的碰撞研究[J].中 南大学学报(自然科学版),2019,50(2):251 - 256.

[28] 周俊,孙文涛,梁子安.收获期菊芋根 - 块茎离散元柔性模型构建研究 [J].农业机械学报,2023,54(10):124 - 132.

[29] 鲁志春.基于颗粒离散元法的三峡花岗岩风化砂宏细观力学性质研究 [D].武汉:中国地质大学,2022.

[30] XIAO X W,LI Y Y,PENG R T,et al. Parameter calibration and mixing uni-formity of irregular gravel materials in a rotating drum[J]. Powder technology,

2023,414:118074.

[31] LI M, AN X Z. Mixing characteristics and flow behaviors of different shaped tetrahedra in a rotary drum:A numerical study[J]. Powder technology,2023, 417:118262.

[32] JIANG C N,AN X Z,LI M,et al. DEM modelling and analysis of the mixing characteristics of sphere – cylinder granular mixture in a rotating drum[J]. Powder technology,2023,426:118653.

[33] MIAO Q H,HUANG P,DING Y F,et al. Particle mixing and segregation behaviors in the rotating drums with adjacent axial segmentations in different speed directions[J]. Powder technology,2022,405:117534.

[34] XIE L,WANG S Y,SHAO B L,et al. Radial mixing and segregation of binary density ellipsoids in a rotating drum[J]. Chemical engineering research and design,2023,197:192 – 210.

[35] YANG S L,CAHYADI A,WANG J W,et al. DEM study of granular flow characteristics in the active and passive regions of a three – dimensional rotating drum[J]. AIChE journal,2016,62(11):3874 – 3888.

[36] WIGHTMAN C,MOAKHER M,MUZZIO F J,et al. Simulation of flow and mixing of particles in a rotating and rocking cylinder[J]. AIChE journal, 1998,44(6):1266 – 1276.

[37] SATO Y,NAKAMURA H,WATANO S. Numerical analysis of agitation torque and particle motion in a high shear mixer[J]. Powder technology,2008,186 (2):130 – 136.

[38] SONI R K,MOHANTY R,MOHANTY S,et al. Numerical analysis of mixing of particles in drum mixers using DEM[J]. Advanced powder technology,2016, 27(2):531 – 540.

[39] 兰海鹏,刘扬,贾富国,等. 双轴桨叶式混合机内椭球颗粒混合特性模拟 [J].农机化研究,2017,39(6):74 – 78.

[40] WALSH S D C,TORDESILLAS A,PETERS J F. Development of micromechanical models for granular media:the projection problem[J]. Granular matter,2007,9(5):337 – 352.

[41] YANG R Y, ZOU R P, YU A B. Microdynamic analysis of particle flow in a horizontal rotating drum[J]. Powder technology, 2003, 130(1): 138 – 146.

[42] YANG R Y, YU A B, MCELROY L, et al. Numerical simulation of particle dynamics in different flow regimes in a rotating drum[J]. Powder technology, 2008, 188(2): 170 – 177.

[43] 陈辉, 刘义伦, 赵先琼, 等. 基于离散单元法的回转窑物料崩落运动及接触力链研究[J]. 浙江大学学报(工学版), 2014, 48(12): 2277 – 2283.

[44] HUSSEIN Z, FAWOLE O A, OPARA U L. Bruise damage susceptibility of pomegranates (*Punica granatum*, L.) and impact on fruit physiological response during short term storage [J]. Scientia horticulturae, 2019, 246: 664 – 674.

[45] IDAH P A E, AJISEGIRI S, YISA M. An assessment of impact damage to fresh tomato fruits[J]. Agricultural and food sciences, 2007, 10(4): 271 – 275.

[46] CELIK H K, USTUN H, ERKAN M, et al. Effects of bruising of 'Pink Lady' apple under impact loading in drop test on firmness, colour and gas exchange of fruit during long term storage[J]. Postharvest biology & technology, 2021, 179: 111561.

[47] ÖZTEKIN Y B, GÜNGÖR B. Determining impact bruising thresholds of peaches using electronic fruit[J]. Scientia horticulturae, 2020, 262: 109046.

[48] YUWANA Y, DUPRAT F. Prediction of apple bruising based on the instantaneous impact shear stress and energy absorbed[J]. International agrophysics, 1998, 12(2): 133 – 140.

[49] FU H, HE L, MA S C, et al. Bruise responses of apple – to – apple impact[J]. IFAC – PapersOnLine, 2016, 49(16): 347 – 352.

[50] AHMADI E. Bruise susceptibilities of kiwifruit as affected by impact and fruit properties[J]. Research in agricultural engineering, 2012, 58(3): 107 – 113.

[51] VAN ZEEBROECK M, VAN LINDEN V, DARIUS P, et al. The effect of fruit properties on the bruise susceptibility of tomatoes[J]. Postharvest biology and technology, 2007, 45(2): 168 – 175.

[52] SHAHBAZI F. Impact damage to chickpea seeds as affected by moisture con-

tent and impact velocity[J]. Applied engineering in agriculture,2011,27(5): 771 – 775.

[53] CELIK H K. Determination of bruise susceptibility of pears (Ankara variety) to impact load by means of FEM – based explicit dynamics simulation[J]. Postharvest biology & technology,2017,128:83 – 97.

[54] XIE S S,DENG W G,LIU F. Impact velocity and bruising analysis of potato tubers under pendulum impact test[J]. Revista brasileira de engenharia agrícola e ambiental – agriambi,2023,27(7):559 – 566.

[55] HTIKE T,SAENGRAYAP R,KITAZAWA H,et al. Fractal image analysis and bruise damage evaluation of impact damage in guava[J]. Information processing in agriculture,2023,11(2):217 – 227.

[56] WANG W Z,ZHANG S M,FU H,et al. Evaluation of litchi impact damage degree and damage susceptibility[J]. Computers & electronics in agriculture, 2020,173:105409.

[57] 蒋鑫,曾勇,刘扬,等. 采摘期及贮藏期库尔勒香梨冲击损伤规律研究[J]. 塔里木大学学报,2023(1):99 – 104.

[58] 王芳,魏星,韩媛媛,等. 西瓜冲击力学特性及损伤分析研究[J]. 四川农业大学学报,2016,34(2):185 – 189.

[59] SŁUPSKA M,SYGUŁA E,KOMARNICKI P,et al. Simple method for apples' bruise area prediction[J]. Materials,2022,15(1):139.

[60] JARIMOPAS B, SINGH S P, SAYASOONTHORN S, et al. Comparison of package cushioning materials to protect post – harvest impact damage to apples [J]. Packaging technology and science,2007,20(5):315 – 324.

[61] HUSSEIN Z, FAWOLE O A, OPARA U L. Harvest and postharvest factors affecting bruise damage of fresh fruits[J]. Horticultural plant journal,2020, 6(1):1 – 13.

[62] HADI S,AHMAD D,AKANDE F B. Determination of the bruise indexes of oil palm fruits[J]. Journal of food engineering,2009,95(2):322 – 326.

[63] BABARINSA F A,IGE M. Strength parameters of packaged Roma tomatoes at break point under compressive loading[J]. International journal of scientific

and engineering research,2012,3:1 - 8.

[64] SOLA - GUIRADO R R,BAYANO - TEJERO S,ARAGON - RODRIGUEZ F, et al. Bruising pattern of table olives ('Manzanilla' and 'Hojiblanca' cultivars) caused by hand - held machine harvesting methods[J]. Biosystems engineering,2022,215:188 - 202.

[65] ZHANG S M,WANG W Z,WANG Y F,et al. Improved prediction of litchi impact characteristics with an energy dissipation model[J]. Postharvest biology & technology,2021,176,111508.

[66] DELFAN F,SHAHBAZI F,ESVAND H R. Impact damage to chickpea seeds during free fall[J]. International agrophysics,2023,37(1),41 - 49.

[67] CELIK H K,AKINCI I,ERKAN M,et al. Determining the instantaneous bruising pattern in a sample potato tuber subjected to pendulum bob impact through finite element analysis[J]. Journal of food process engineering,2023, 46(11):e14424.

[68] JIMÉNEZ - JIMÉNEZ F,CASTRO - GARCÍA S,BLANCO - ROLDÁN G L,et al. Table olive cultivar susceptibility to impact bruising[J]. Postharvest biology and technology,2013,86:100 - 106.

[69] LI B,ZHANG F,LIU Y D,et al. Quantitative study on impact damage of yellow peach based on hyperspectral image information combined with spectral information[J]. Journal of molecular structure,2023,1272:134176.

[70] VURSAVUS K,OZGUVEN F. Determining the effects of vibration parameters and packaging method on mechanical damage in golden delicious apples[J]. Turkish journal of agriculture & forestry,2004,28(5):311 - 320.

[71] 赵杰文,刘剑华,陈全胜,等. 利用高光谱图像技术检测水果轻微损伤[J]. 农业机械学报,2008(1):106 - 109.

[72] BARANOWSKI P,MAZUREK W,WITKOWSKA - WALCZAK B,et al. Detection of early apple bruises using pulsed - phase thermography[J]. Postharvest biology and technology,2009,53(3):91 - 100.

[73] GONZÁLEZ - MERINO R,HIDALGO - FERNÁNDEZ R E,RODERO J,et al. Postharvest geometric characterization of table olive bruising from 3d digitali-

zation[J]. Agronomy,2022,12(11):2732.

[74] AHMADI E,GHASSEMZADEH H,SADEGHI M,et al. The effect of impact and fruit properties on the bruising of peach[J]. Journal of food engineering, 2010,97(1):110 – 117.

[75] MANESS N O,BRUSEWITZ G H,MCCOLLUM T G. Impact bruise resistance comparison among peach cultivars [J]. HortScience, 1992, 27 (9): 1008 – 1011.

[76] JARIMOPAS B,SAYASOONTHORN S,SINGH S P. Test method to evaluate bruising during impacts to apples and compare cushioning materials[J]. Journal of testing and evaluation,2007,35(3):321 – 326.

[77] 李晓娟,孙诚,黄利强,等. 苹果碰撞损伤规律的研究[J]. 包装工程,2007 (11):44 – 46.

[78] FU H,DU W D,YANG J k,et al. Bruise measurement of fresh market apples caused by repeated impacts using a pendulum method[J]. Postharvest biology & technology,2023,195:112143.

[79] 王剑平,王俊,陈善锋,等. 黄花梨的撞击力学特性研究[J]. 农业工程学报,2002,18(6):32 – 35.

[80] KITTHAWEE U,PATHAVEERAT S,SRIRUNGRUANG T,et al. Mechanical bruising of young coconut [J]. Biosystems engineering, 2011, 109 (3): 211 – 219.

[81] SASAKI Y,ORIKASA T,NAKAMURA N,et al. Optimal packaging for strawberry transportation:Evaluation and modeling of the relationship between food loss reduction and environmental impact [J]. Journal of food engineering, 2022,314:110767.

[82] SHANG Z Y,WANG F,XIE S S,et al. Construction and analysis of the forced vibration model of separating screen under a dropped potato[J]. Journal of food process engineering,2023,46(6):e14346.

[83] 吴杰,郭康权,葛云,等. 香梨果实跌落碰撞时的接触应力分布特性[J]. 农业工程学报,2012,28(1):250 – 254,300.

[84] SATITMUNNAITHUM J,KITAZAWA H,AROFATULLAH N A,et al. Micro-

bial population size and strawberry fruit firmness after drop shock – induced mechanical damage [J]. Postharvest biology and technology, 2022, 192:112008.

[85] JIMÉNEZ – JIMÉNEZ F, CASTRO – GARCÍA S, BLANCO – ROLDÁN G L, et al. Isolation of table olive damage causes and bruise time evolution during fruit detachment with trunk shaker [J]. Spanish journal of agricultural research, 2013, 11:65 – 71.

[86] STOPA R, SZYJEWICZ D, KOMARNICKI P, et al. Determining the resistance to mechanical damage of apples under impact loads [J]. Postharvest biology and technology, 2018, 146:79 – 89.

[87] KOMARNICKI P, STOPA R, SZYJEWICZ D, et al. Influence of contact surface type on the mechanical damages of apples under impact loads [J]. Food and bioprocess technology, 2017, 10(8):1479 – 1494.

[88] ZHOU J F, HE L, KARKEE M, et al. Effect of catching surface and tilt angle on bruise damage of sweet cherry due to mechanical impact [J]. Computers and electronics in agriculture, 2016, 121:282 – 289.

[89] KOMARNICKI P, STOPA R, SZYJEWICZ D, et al. Evaluation of bruise resistance of pears to impact load [J]. Postharvest biology and technology, 2016, 114:36 – 44.

[90] RIQUELME M T, BARREIRO P, RUIZ – ALTISENT M, et al. Olive classification according to external damage using image analysis [J]. Journal of food engineering, 2008, 87(3):371 – 379.

[91] TAMASHIRO T, SARGENT S, BERRY A D. Quality evaluation of strawberry bruised by simulated drop heights [J]. Agricultural and food sciences, 2018, 131:171 – 177.

[92] STROPEK Z, GOŁACKI K. A new method for measuring impact related bruises in fruits [J]. Postharvest biology and technology, 2015, 110:131 – 139.

[93] SARACOGLU T, ÜCER N, ÖZARSLAN C. Engineering properties and susceptibility to bruising damage of Table Olive (*Olea europaea*) fruit [J]. International journal of agriculture and biology, 2011, 13(5):801 – 805.

［94］XIA M,ZHAO X X,WEI X P,et al. Impact of packaging materials on bruise damage in kiwifruit during free drop test［J］. Acta physiologiae plantarum, 2020,42:119.

［95］VAN LINDEN V,DE KETELAERE B,DESMET M,et al. Determination of bruise susceptibility of tomato fruit by means of an instrumented pendulum ［J］. Postharvest biology and technology,2006,40:7 – 14.

［96］王磊,赵建秋,宋江,等. 平贝母挤压力学特性试验［J］. 东北农业科学, 2022,47(5):151 – 155.

［97］王锋,张锋伟,张陆海,等. 半夏块茎离散元参数标定与试验验证［J］. 干旱 地区农业研究,2023,41(2):291 – 300.

［98］吴孟宸,丛锦玲,闫琴,等. 花生种子颗粒离散元仿真参数标定与试验［J］. 农业工程学报,2020,36(23):30 – 38.

［99］吴佳胜,曹成茂,谢承健,等. 前胡种子物性参数测定及其离散元仿真模型 参数标定［J］. 甘肃农业大学学报,2019,54(4):180 – 189.

［100］郝建军,魏文波,黄鹏程,等. 油葵籽粒离散元参数标定与试验验证［J］. 农业工程学报,2021,37(12):36 – 44.

［101］廖洋洋,尤泳,王德成,等. 燕麦和箭筈豌豆混合种子离散元模型参数标 定与试验［J］. 农业机械学报,2022,53(8):14 – 22.

［102］于庆旭,刘燕,陈小兵,等. 基于离散元的三七种子仿真参数标定与试验 ［J］. 农业机械学报,2020,51(2):123 – 132.

［103］蔡玉良,杨学权,丁晓龙,等. 滚筒筛内物料运动过程的分析［J］. 水泥工 程,2010,2:5 – 8.

［104］WANG F Z,ZHENG K H,AHMAD I,et al. Gaussian radial basis functions method for linear and nonlinear convection – diffusion models in physical phenomena［J］. Open physics,2021,19:69 – 76.

［105］JIANG Z Q,YOU M,WANG X,et al. Estimation of the postmortem interval by measuring blood oxidation – reduction potential values［J］. Journal of forensic science and medicine,2016,2(1):8 – 11.

［106］CHEN X,WANG W Z,HUANG C W,et al. Study of the group vibrational detachment characteristics of Litchi(*Litchi chinensis Sonn*) clusters［J］.

Agriculture,2023,13(5):1065.

[107] TAVARES L M. A review of advanced ball mill modelling[J]. KONA powder and particle journal,2017,34:106 – 124.

[108] TONGAMP W,KANO J,SUZUTA Y,et al. Relation between mechanochemical dechlorination rate of polyvinyl chloride and mill power consumption[J]. Journal of material cycles and waste management,2009,11(1):32 – 37.

[109] CLEARY P M,MORRISON R D. Understanding fine ore breakage in a laboratory scale ball mill using DEM[J]. Minerals engineering,2011,24(3): 352 – 366.

[110] 朱浩,王东伟,何晓宁,等.反转旋耕刀作业功耗仿真分析及试验验证 [J].农机化研究,2024,46(4):15 – 21,82.

[111] 朱新华,赵怀松,伏胜康,等.猕猴桃果园有机肥免开沟施肥机设计与试验[J].农业机械学报,2023,54(9):133 – 142.

[112] 赵建秋,赵伟,田帅,等.基于 EDEM 的平贝母覆土部件仿真试验研究 [J].农机化研究,2023,45(10):24 – 31.

[113] 张胜伟,张瑞雨,曹庆秋,等.油莎豆收获机双层滚筒筛式果杂分离装置设计与试验[J].农业机械学报,2023,54(3):148 – 157.

[114] 易军,周彪,魏霄儒.基于 EDEM 离散元仿真的振动筛网出料均匀性分析 [J].机械设计与制造,2023(12):55 – 58.

[115] 王保阳,康丽春,饶洪辉,等.旋转锹式油茶垦复装置的仿真分析与试验 [J].农机化研究,2024,46(4):29 – 35.

[116] 李庚,薛亚南,黄永娜,等.基于 EDEM 的翻板冷却器布料器布料效果的离散元仿真优化[J].中国油脂,2023,48(7):143 – 148.

[117] PENG Y,YIN Z Y. Micromechanical analysis of suction pile – granular soil interaction under inclined pulling load of mooring line:Mooring depth effect [J]. Marine structures,2023,92:103499

[118] 张权威,刘扬,于世辉,等.振动冲击复合载荷对库尔勒香梨损伤影响研究[J].新疆农机化,2022(6):32 – 35,48.

[119] ZHANG P P,JI H W,WANG H W,et al. Quantitative evaluation of impact damage to apples using NIR hyperspectral imaging[J]. International journal

of food properties,2021,24:457 – 470.

[120] DENG W G,WANG C G,XIE S S. Test research on the impact peak force and damage depth of potato[J]. INMATEH – Agricultural engineering,2020, 61(2):105 – 114.

[121] XIE S S,WANG C G,DENG W G. Model for the prediction of potato impact damage depth[J]. International journal of food properties,2018,21(1): 2517 – 2526.

[122] WANG W Z,LU H Z,ZHANG S M,et al. Damage caused by multiple impacts of litchi fruits during vibration harvesting[J]. Computers & electronics in agriculture,2019,162:732 – 738.

[123] 卢立新,王志伟.苹果跌落冲击力学特性研究[J].农业工程学报,2007, 23(2):254 – 258.

[124] 高连兴,李心平.玉米种子脱粒损伤机理与脱粒设备研究[M].北京:北京师范大学出版社,2012.

[125] 谢胜仕,王春光,邓伟刚.马铃薯碰撞损伤试验与碰撞加速度特性分析[J].中国农业大学学报,2020,25(1):163 – 169.

[126] 郝建军,朱志民,李玲,等.牵引式花生落果捡拾复收机设计与试验[J].河北农业大学学报,2023,46(1):110 – 120.

[127] 连国党,魏鑫鑫,马丽娜.轴流螺旋滚筒式食用向日葵脱粒装置设计与试验[J].农业工程学报,2022(17):42 – 51.

[128] 张伟,阿力木·买买提吐尔逊,李谦绪,等.鲜食玉米收获机清选装置设计与试验[J].农机化研究,2024(5):77 – 82,86.

[129] 王志伟,王其欢,明家锐,等.立式玉米脱粒装置设计与试验[J].中国农机化学报,2023(6):105 – 113.